Zahlenzauber 4

Mathematikbuch
für die Grundschule

Allgemeine Ausgabe

Erarbeitet von
Bettina Betz
Angela Bezold
Ruth Dolenc-Petz
Hedwig Gasteiger
Carina Hölz
Petra Ihn-Huber
Christine Kullen
Elisabeth Plankl
Beatrix Pütz
Carola Schraml
Karl-Wilhelm Schweden

Unter Beratung von
Juliane Leuders

Illustriert von
Mathias Hütter
Renate Möller

Oldenbourg Schulbuchverlag, München

Inhaltsverzeichnis

Rundreise ...

Dänemark
Der Freizeitpark „Tivoli“ in Kopenhagen hat jedes Jahr vom 1. Mai bis zum 15. September geöffnet.
Wie viele Tage sind das?

England
In London besichtigen zwei Erwachsene und ein Kind den Tower. Der Eintritt für Erwachsene beträgt umgerechnet 23 € und für Kinder 12 €.
Wie viel müssen sie bezahlen?

Irland
Einen herrlichen Blick auf Dublin hat man vom roten Leuchtturm von Poolberg aus. Zu ihm führt eine 3 km lange Mole. Wie lange braucht man zum Leuchtturm, wenn man in einer Stunde ungefähr 6 km wandert?

Niederlande
In Amsterdam macht eine Jugendgruppe eine Grachtenrundfahrt. Ein Gruppenticket für 10 Personen kostet 100 €. Eine Einzelkarte kostet 12 €. Die Gruppe bezahlt 124 €.
Aus wie vielen Personen besteht die Gruppe?

Belgien
In einer Pralinenfabrik in Brüssel werden kleine Pralinenschachteln in Kartons verpackt. In einen Karton passen 30 Schachteln. Der Gesamtpreis beträgt 180 €.
Wie viel kostet eine kleine Schachtel?

Frankreich
Den Eiffelturm in Paris, der 1889 fertiggebaut wurde, besuchen täglich ungefähr 5000 Menschen.
Wie viele Menschen sind das in einer Woche?

Spanien
Der Fußballclub Real Madrid feierte am 6. März 2002 seinen 100. Geburtstag.
In welchem Jahr wurde der Club gegründet?

Würfelspiel für 2 bis 4 Mitspieler

- Wo beginnt ihr eure Reise? Stellt die Spielsteine dorthin.
- Würfelt und rückt vor.
- Landest du in einer Hauptstadt (oranges Feld)? Löse die passende Aufgabe.
- Stimmt das Ergebnis? Rücke 3 Felder vor.
- Triffst du auf ein Feld mit einem Flugzeug? Rücke zur nächsten Hauptstadt vor.
- Sieger ist, wer als Erster wieder am Ausgangspunkt ist.

Schweden
Victoria heißt die Kronprinzessin von Schweden. Sie wird einmal Königin von Schweden.
Sie wurde 1977 in Stockholm geboren.
Wie viele Jahre ist das her?

Finnland
Helsinki wurde 1812 Hauptstadt von Finnland.
Wie viele Jahre sind seitdem vergangen?

Deutschland
Berlin war von 1961 bis 1989 durch eine Mauer in zwei Abschnitte geteilt.
Wie viele Jahre waren das?

Österreich
Wien liegt an der Donau, die ca. 2 900 km lang ist. Europas längster Fluss, die Wolga, ist ca. 600 km länger.
Wie lang ist die Wolga?

Italien
Eine Eisdiele in Rom verarbeitet täglich 300 l Milch zu Eis. Aus jedem Liter entstehen 30 Eiskugeln.
Wie viele Eiskugeln sind das täglich?

Kroatien
In der Nähe von Zagreb befinden sich die Plitvicer Seen. Dort wurde der Film „Schatz im Silbersee“ gedreht. 1962 lief der Film im Kino.
Wie lange ist das her?

Griechenland
In Athen fanden 1896 die ersten olympischen Spiele der Neuzeit statt.
Wie lange ist das her?

Tausender, Hunderter, Zehner, Einer

Der Tausenderwürfel

Wie viele Hunderterplatten sind es?
Wie viele Zehnerstangen sind es?
Wie viele Einerwürfel sind es?

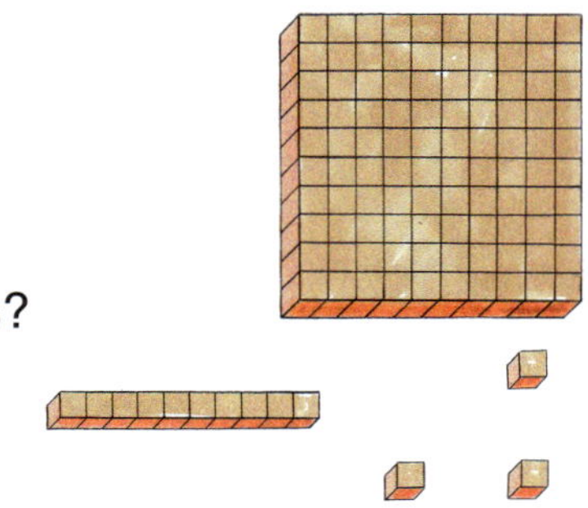

(1) Trage die Zahlen in die Stellenwerttafel ein und zeichne sie.

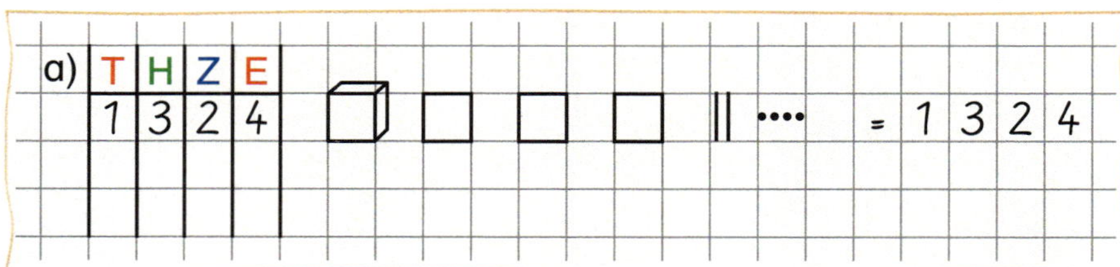

a)

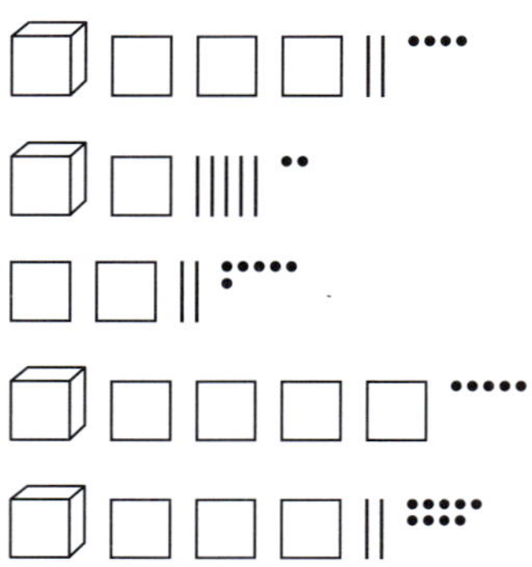

b)
1 T 3 H 8 Z 5 E
1 T 4 H 7 E
2 T 3 H 8 Z 5 E
4 H 7 Z
1 T 5 H

c)
1 324
436
1 217
1 123
2 315

d)
1 016
1 302
1 001
1 400
1 020

e) Lege eigene Zahlen. Schreibe auf.

Tausenderrätsel

Wählt Rätsel aus.
Schätzt zuerst. Rechnet dann.
Erklärt, wie ihr vorgegangen seid.

1 000 Gummibärchen:
Wie viele Tüten sind das?

1 000 Tage Ferien:
Wie viele Jahre und Wochen sind das?

Ein Turm mit 10 Ein-Cent-Stücken ist … cm hoch. Also ist ein Turm mit 1000 Cent-Stücken … cm hoch.

Wie hoch ist ein Turm mit **1 000 Cent-Stücken**?

Schreibe den Rechenweg zu einem Rätsel in dein 📖.

② Addieren mit Einern, Zehnern und Hundertern

a) 314 + 2 314 + 20 314 + 200	b) 461 + 3 461 + 30 461 + 300	c) 532 + 4 532 + 40 532 + 400
d) 124 + 6 124 + 60 124 + 600	e) 324 + 5 324 + 50 324 + 500	f) 212 + 7 212 + 70 212 + 700

③ Subtrahieren mit Einern, Zehnern und Hundertern

a) 453 – 2 453 – 20 453 – 200	b) 367 – 3 367 – 30 367 – 300	c) 589 – 5 589 – 50 589 – 500
d) 974 – 4 974 – 40 974 – 400	e) 869 – 6 869 – 60 869 – 600	f) 789 – 7 789 – 70 789 – 700

④ Welche Stellen verändern sich jeweils? Rechne.

a) 321 + 30 321 + 7 321 + 200 321 + 237	b) 231 + 600 231 + 40 231 + 7 231 + 647	c) 748 – 200 748 – 6 748 – 30 748 – 236	d) 956 – 2 956 – 800 956 – 40 956 – 842

1 000 Rechenkästchen:
Wie viele Seiten sind das?

1 000 Wörter:
Wie viele Buchseiten sind das?

1 000 Liter Milch:
Wie viele Packungen sind das?

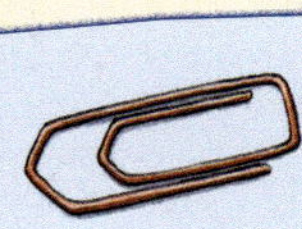

Wie schwer sind **1 000 Büroklammern**?

Schreibe selbst Tausenderrätsel. Dein Partner löst sie.

1000 und über 1000 hinaus

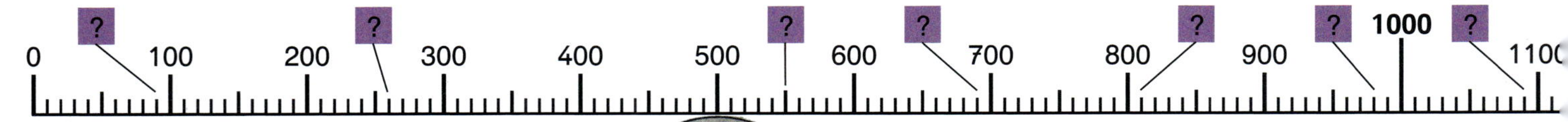

1 Vergleiche die Zahlen von 0 bis 1 000 mit den Zahlen von 1 000 bis 2 000. Was fällt dir auf?

2 Wie heißen die Zahlen auf den ? -Kärtchen?

3 Zahl gesucht: Nenne eine Zahl. Dein Partner zeigt sie am Zahlenstrahl.

4 Simsala und Bim nehmen den Zahlenstrahl unter die Lupe.
Schreibe alle Zahlen auf, die zu den Strichen gehören.

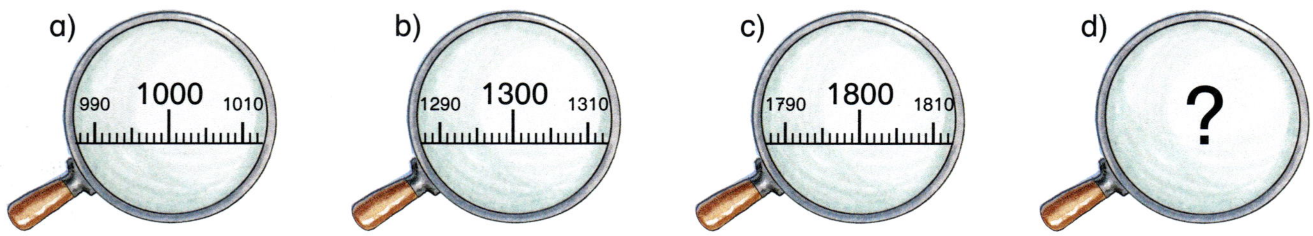

5

173	188	246	269	776	823	?
1 173	1 188	1 246	1 269	1 776	1 823	

a) Schreibe die Zahlen mit ihren Nachbarn auf.

Vorgänger		Nachfolger
172,	173,	174
1172,	1173,	1174

b) Zwischen welchen Zehnern liegen die Zahlen? Unterstreiche jeweils den Zehner, der näher liegt.

170,	173,	180
1170,	1173,	1180

c) Zwischen welchen Hundertern liegen die Zahlen? Unterstreiche jeweils den Hunderter, der näher liegt.

100,	173,	200
1100,	1173,	1200

6 Vorwärts und rückwärts zählen: Schreibe auf.

a) 395, 396, …, 402
1 497, 1 498, …, 1 504
1 917, 1 918, …, 1 924

b) 605, 604, …, 598
1 703, 1 702, …, 1 696
1 934, 1 933, …, 1 927

7 Setze die Zahlenfolgen fort. Beschreibe das Muster.

a) 872, 874, 876, …, …, …, 884
b) 1 273, 1 275, 1 277, …, …, …, 1 285
c) 1 005, 1 010, 1 015, …, …, …, 1 035
d) 797, 795, 793, …, …, …, 785
e) 1 735, 1 733, 1 731, …, …, …, 1 723
f) 1 685, 1 680, 1 675, …, …, …, 1 655
g) ?

8 Besonders schwierige Zahlenfolgen: Beschreibe das Muster.

a) 700, 703, 707, 712, …, …, …, 742
b) 987, 985, 982, 978, …, …, …, 952
c) 1 400, 1 405, 1 404, 1 409, …, …, …, 1 417

9 Zahlenrätsel

a) Meine Zahl besteht aus den Ziffern 1, 2, 3 und 4. Sie ist größer als 1300 und kleiner als 1 400. Wie könnte sie heißen?

b) Meine Zahl ist die kleinste vierstellige ungerade Zahl.

c) Meine Zahl ist eine vierstellige Schnapszahl. Sie liegt zwischen 1 000 und 2 000. Wie heißt sie?

d) Meine Zahl liegt genau zwischen 1 400 und 1500.

e) Meine Zahl liegt zwischen 1600 und 1 700. Sie hat 3 gleiche Ziffern. Wie könnte sie heißen?

f) Meine Zahl liegt genau zwischen 1 500 und 1 800.

g) Erfinde ein Zahlenrätsel in deinem Heft.

Bedeutende Erfindungen und Ereignisse …

1700 1800 1810

Dampfmaschine 1712

Schraubendreher 1779

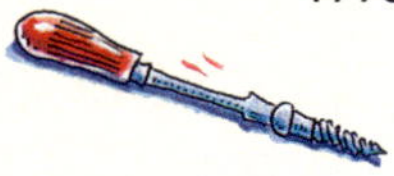

Batterie 1800

Heißluftballon 1783

1600

Fernrohr 1608

Mikroskop 1590

Thermometer 1592

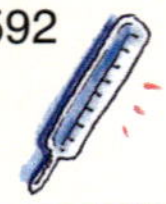

Wasserklosett 1575

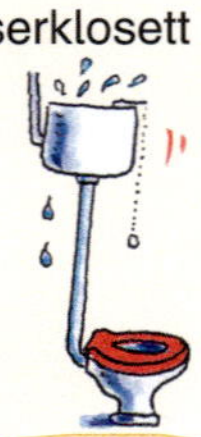

① Stellt euch gegenseitig Fragen und beantwortet sie.

Taucherglocke 1538

② Wie viele Jahre sind seit diesen Erfindungen vergangen?

Erfindung	Jahr	Vergangene Zeit bis heute
Dampfmaschine	1712	
Taucherglocke		
Batterie		
Eisenbahn		
Telefon		
…		

③ Wie viel Zeit ist zwischen diesen Erfindungen oder Ereignissen vergangen?

a) Brille – Mikroskop
b) Radio – Fernseher
c) Fahrrad – Auto
d) Telefon – Handy
e) Fernrohr – erste Mondlandung
f) Luftschiff – erster Space-Shuttle-Start
g) …

1500

Bleistift 1500

Kolumbus entdeckt Amerika 1492.

Erfindung des Buchdrucks 1450

④ In welchem Jahr wurden oder werden diese Erfindungen 100 Jahre, 150 Jahre, … alt?

Erfindung	100 J.	150 J.	…
Fernseher			
Heißluftballon			
Auto			
…			

Gitarre 1256

Brille 1280

Heckruder zum Lenken der Schiffe 1250

1400 1300 1200

AH S. 7

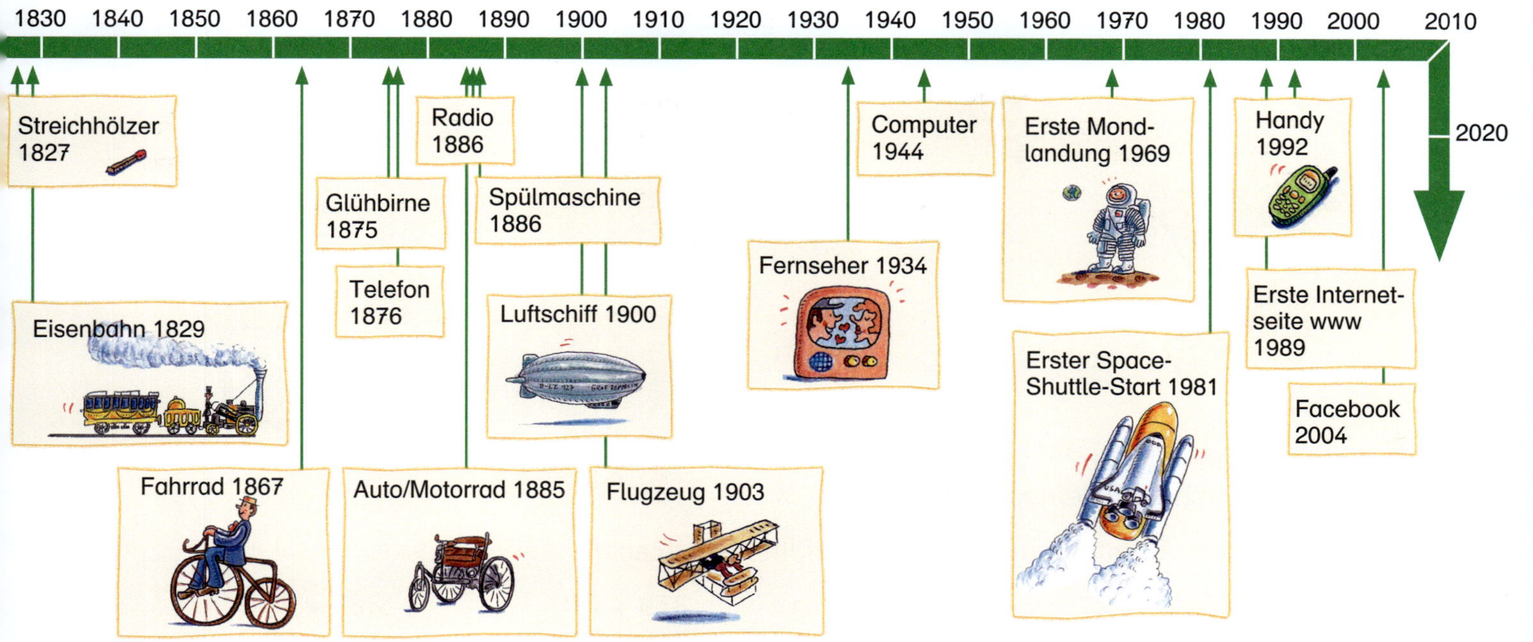

5 Bekannte Namen – bedeutende Erfindungen

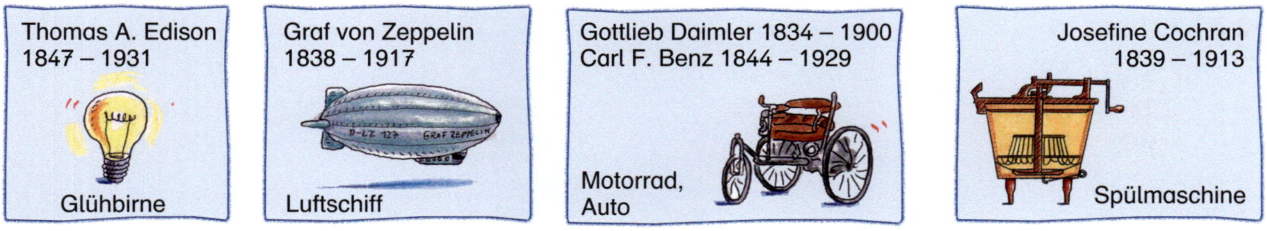

a) Wie alt waren diese Menschen, als sie ihre Erfindungen machten?
b) Wie alt wurden sie?

6 Zeitreisen

a) Du befindest dich 105 Jahre vor der Erfindung des Fernsehers.
Welches Jahr ist das? Welche Erfindung wird gerade gemacht?

b) Du befindest dich 245 Jahre vor der Erfindung des Bleistifts.
Du schreibst mit Tinte und Feder die Jahreszahl auf.
Wie heißt die Jahreszahl? Kannst du gerade eine Brille aufhaben?

c) Du befindest dich 324 Jahre nach der Erfindung des Buchdrucks.
Kannst du ein Thermometer mit einer Schraube an der Wand befestigen?

★ 7

a) Ungefähr 300 Jahre vor der Erfindung der Eisenbahn wurden die ersten Kutschen gebaut. Wann war das? Gab es zu dieser Zeit bereits Schiffe?

b) Der berühmte Komponist W.A. Mozart wurde 1756 in Salzburg geboren.
Wie alt war er, als der erste Heißluftballon in den Himmel stieg?
Mozart ist nur 35 Jahre alt geworden.
Konnte er mit der Eisenbahn von Salzburg nach München fahren?

c) A. Graham Bell hat das Telefon im Alter von 29 Jahren erfunden.
Wie alt hätte er werden müssen, um mit einem Handy zu telefonieren?

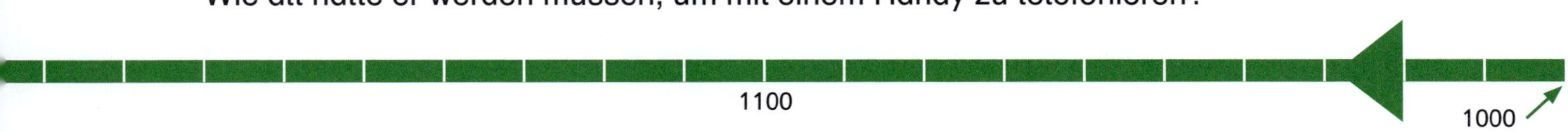

Addieren und subtrahieren bis 1000

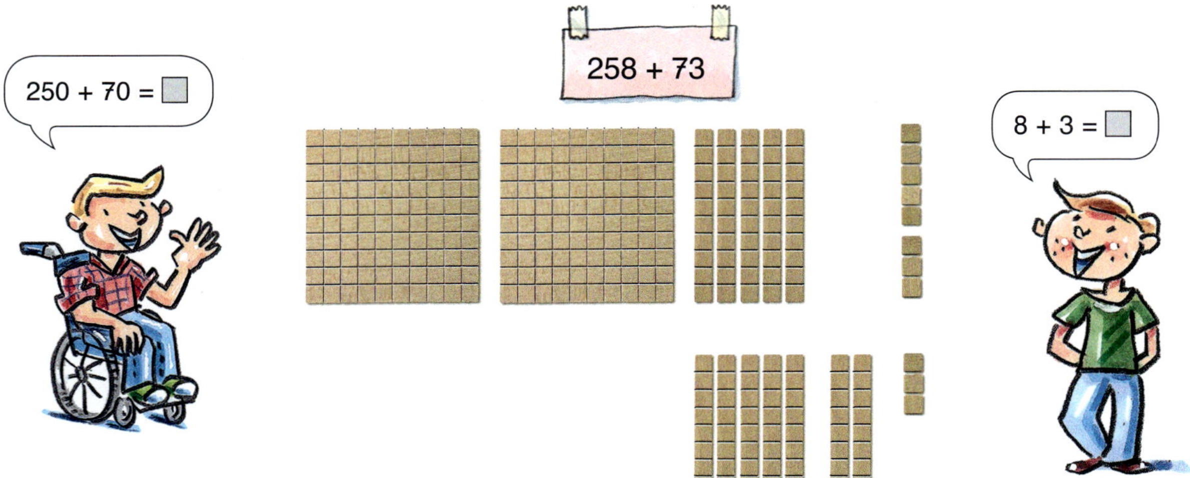

1 a) Wie rechnest du?
Vergleiche mit deinem Partner.

b) Lege die Aufgaben mit Material oder im Kopf. Rechne.

227 + 54	145 + 68	379 + 42	485 + 38
137 + 45	276 + 56	246 + 37	134 + 69

182, 203, 213, 281, 283, 332, 421, 523

2 Rechne.

a)	b)	c)	d)
340 + 68	189 + 45	457 + 56	749 + 63
167 + 52	276 + 83	864 + 99	153 + 94
285 + 26	526 + 57	168 + 48	327 + 66

216, 219, 234, 247, 311, 359, 393, 408, 513, 583, 812, 963

3 Plusaufgaben so verändern, dass sie leichter zu rechnen sind.

a) Erkläre, wie die Kinder verändert haben. Begründe.

b) Vervollständige die Regel von Eulalia.

c) Rechne.

		★	★
623 + 198	263 + 495	591 + 612	1 213 + 692
408 + 487	607 + 285	827 + 599	1 495 + 267
277 + 505	332 + 499	407 + 686	1 366 + 505

758, 782, 821, 831, 892, 895, 1 093, 1 203, 1 426, 1 762, 1 871, 1 905

AH S. 9

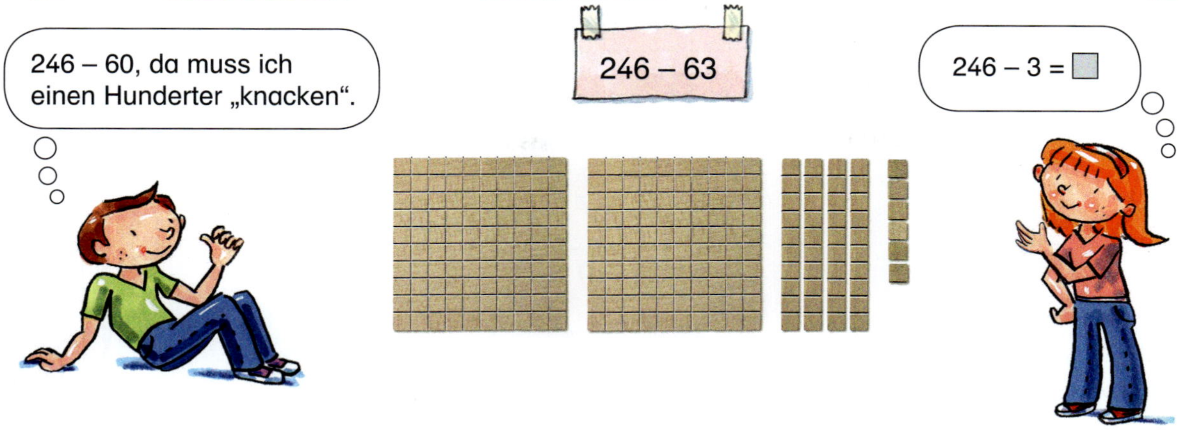

4 a) Wie rechnest du? Vergleiche mit deinem Partner.

b) Lege die Aufgaben mit Material oder im Kopf. Rechne.

254 – 27	145 – 68	372 – 146	438 – 185
137 – 40	276 – 39	636 – 377	728 – 573

77, 97, 155, 226, 227, 237, 253, 259

5 Rechne.

a)	b)	c)	d)
340 – 68	639 – 350	457 – 409	749 – 653
167 – 59	762 – 470	864 – 606	153 – 94
258 – 72	536 – 280	523 – 205	327 – 174

48, 59, 96, 108, 153, 186, 256, 258, 272, 289, 292, 318

6 Rechenkonferenz

a) Erkläre die Rechenwege der Kinder.

b) Welchen Rechenweg hättest du gewählt? Rechne.

c) Rechne auf deinem Weg.

405 – 292	623 – 397	486 – 193	★ 1 317 – 196
813 – 698	508 – 499	615 – 494	1 892 – 397
705 – 397	902 – 895	703 – 697	1 503 – 1 495

6, 7, 8, 9, 113, 115, 121, 226, 293, 308, 1 121, 1 495

d) Erkläre deinen Rechenweg im 📖.

Schriftlich addieren und subtrahieren

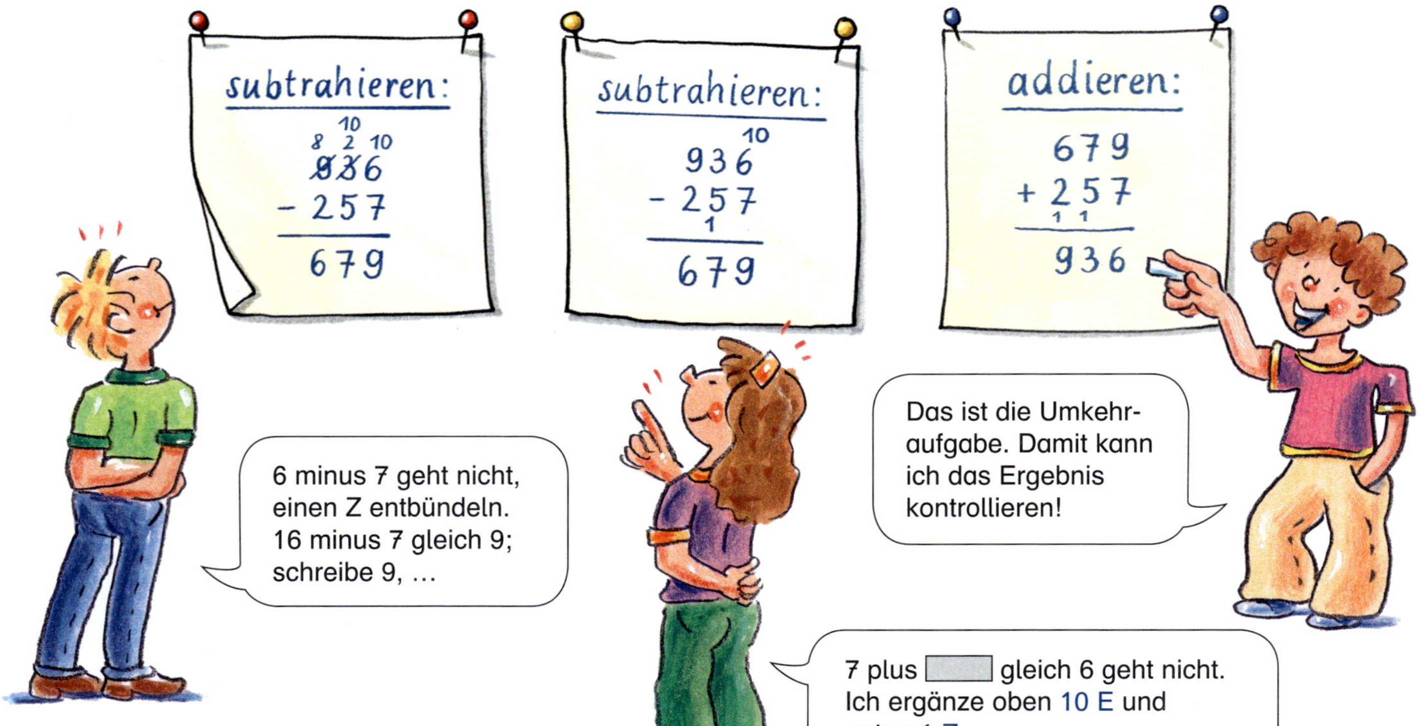

(1) Sieh dir die Aufgaben an. Erkläre.

(2) Rechne jeweils Aufgabe und Umkehraufgabe.

a)

971	1 762	1 253	627	1 543
− 635	− 138	− 687	− 173	− 86
☐	☐	☐	☐	☐

b)

456	591	1 179	678	283
+ 287	+ 346	+ 355	+ 575	+ 1378
☐	☐	☐	☐	☐

(3) Schriftlich oder im Kopf?

a)	b)	c)
732 – 623	1 005 + 395	987 + 526
546 – 289	1 649 + 176	1 304 – 679
907 – 178	613 + 194	1 565 + 346
618 – 603	276 + 824	1 126 – 584

15, 109, 257, 542, 625, 729, 807, 1 100, 1 400, 1 513, 1 825, 1 911

(4) Aufgaben würfeln

Wählt eine Gewinnregel.

Addieren ⊕: Die kleinste Summe gewinnt.

Subtrahieren ⊖: Die größte Differenz gewinnt.

Addieren ⊕: Die größte Summe gewinnt.

Subtrahieren ⊖: Die kleinste Differenz gewinnt.

Addieren ⊕: Ergebnis nahe an 1000

Würfelt.
Entscheidet nach jedem Wurf, an welcher Stelle euer Würfelergebnis stehen soll.
Addiert oder subtrahiert dann die beiden Zahlen.

5 Mehrere Zahlen addieren

8 + 7 + 9 = 24,
4 an,
2 Z gemerkt.

a)

328	132	657	843	246	635
147	98	38	209	176	512
+ 269	+ 304	+ 166	59	427	29
			+ 867	+ 45	+ 376

b) Schreibe untereinander und addiere.

475 + 23 + 381 583 + 847 + 67 + 231

821 + 472 + 31 + 38 459 + 36 + 289 + 21

534, 744, 805, 861, 879, 894, 1 362, 1 552, 1 728, 1 978

6 Rechenkonferenz: Mehrere Zahlen subtrahieren

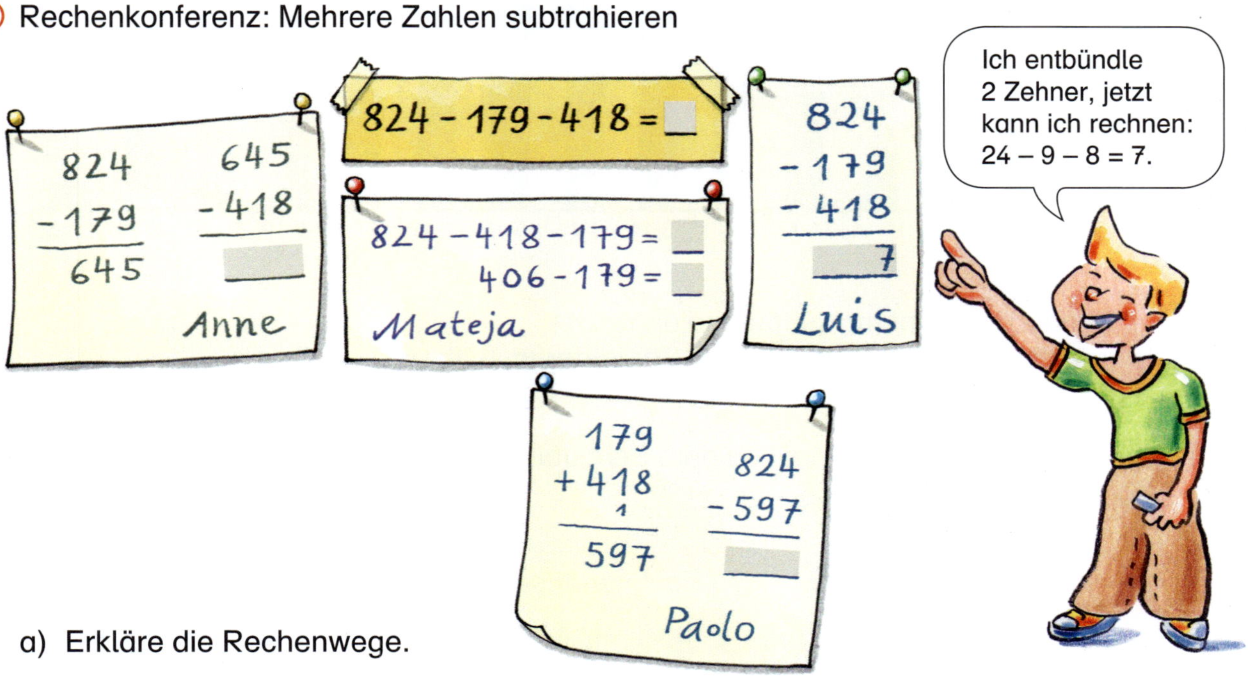

a) Erkläre die Rechenwege.

b) Wie rechnest du? Vergleiche mit deinem Partner.

c) Rechne auf deinem Weg.

715 − 408 − 93	991 − 276 − 83	1 466 − 118 − 93
903 − 678 − 115	376 − 64 − 153	1 725 − 453 − 18
827 − 186 − 577	817 − 542 − 135	1 574 − 237 − 226

64, 110, 140, 159, 214, 632, 1 111, 1 254, 1 255

7 Schöne Ergebnisse

a)

6 127	3 379	24 691	345 678
+ 539	+ 1 065	+ 98 765	+ 641 976

Erfinde Plusaufgaben mit schönen Ergebnissen.

b)

6 153	6 214	202 971	831 621
− 2 697	− 558	− 180 749	− 518 490

Erfinde Minusaufgaben mit schönen Ergebnissen.

Radunfälle von Kindern (6 – 14 Jahre) im Jahr 2016 in Deutschland

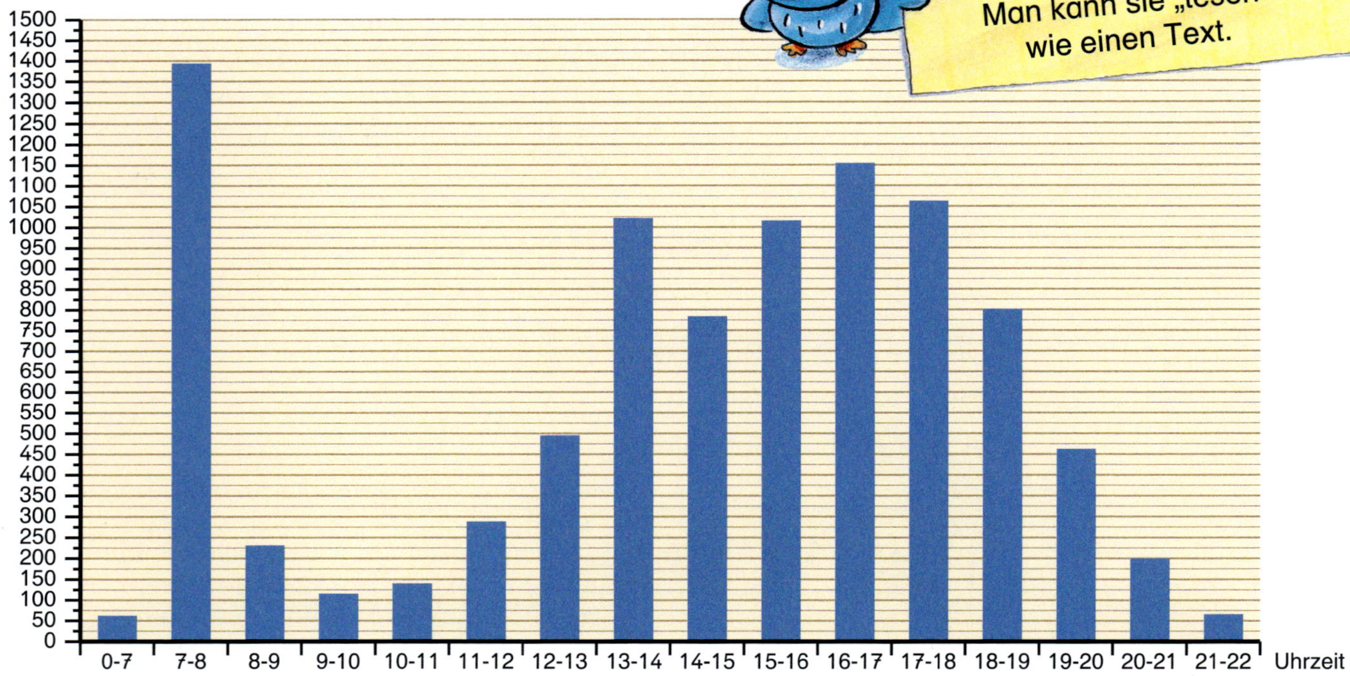

Tipp:
Schaubilder informieren auf einen Blick.
Man kann sie „lesen" wie einen Text.

Dieses Schaubild nennt man „Säulendiagramm".
Die Anzahl der Unfälle wird jeweils als Säule dargestellt.

1 a) Welche Informationen kannst du dem Schaubild entnehmen?
Schreibe drei Informationen auf.

Die wenigsten …

Fast genauso viele …

Doppelt so viele …

Die meisten …

Mehr als …

b) Von 0 Uhr bis 7 Uhr gab es etwa 60 Unfälle. Wie viele Unfälle passierten von 7 bis 8 Uhr, wie viele von 8 bis 9 Uhr, …?
Was fällt dir auf? Welche Gründe fallen dir dazu ein?

c) Stellt euch gegenseitig Fragen zum Schaubild und beantwortet sie.

2 So kommen die Kinder zur Burgschule.

Schulweg	Anzahl der Kinder
zu Fuß	41
mit dem Rad	32
mit dem Bus	75
mit dem Auto	15

Tipp:
Beim Zeichnen des Schaubildes musst du zuerst die größte Zahl ansehen.
Warum?

a) Stelle die Angaben aus der Tabelle in einem Säulendiagramm dar. 1 mm entspricht einem Kind.

b) Erstelle ein Schaubild für deine Klasse/für deine Schule.

AH S. 11

(3) In einer Umfrage wurden Kinder zwischen 6 und 13 Jahren zur Mediennutzung befragt.
Das Schaubild zeigt, wie viele von 100 Kindern diese Medien nutzen.

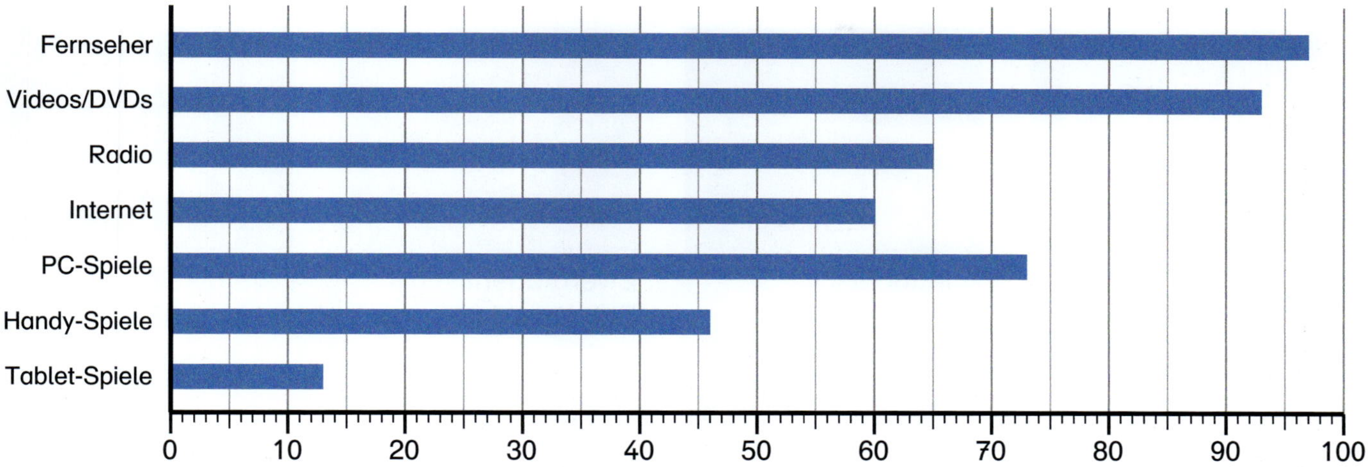

a) Lies die Zahlen möglichst genau ab.

b) Betrachte das Schaubild. Stimmen diese Aussagen?

- Mehr Kinder nutzen den Fernseher als das Internet.
- Handy-Spiele werden am wenigsten genannt.
- Mehr als die Hälfte der Kinder hört Radio.
- Die Kinder spielen doppelt so häufig am PC wie am Tablet.

(4) Ältere und jüngere Kinder nutzen den Computer unterschiedlich oft.

Alter	6-7 Jahre	8-9 Jahre	10-11 Jahre	12-13 Jahre
von 100 Kindern nutzen den Computer …	42	72	91	98

a) Was erfährst du aus der Tabelle?
Was hat dein Partner herausgefunden?
Findet weitere Aussagen zum Schaubild.
Sammelt eure Aussagen in der Klasse.

b) Zeichne ein Diagramm zu diesen Zahlen.
Vergleiche mit deinem Partner.

Ein Aquarium einrichten

(1) Du willst ein Aquarium einrichten. Lies die Überschriften und sieh die Bilder an. Was weißt du schon zum Thema?

Zierfische

Guppy
Stück 2,95 €

Kardinalfisch
Stück 2,75 €

Zwergfadenfisch
Stück 4,80 €

Zwergwels
Stück 6,95 €

Wasserpflanzen

Javafarn
Stück 6,95 €

Sternkraut
Stück 6,50 €

Wasserpest
Stück 2,95 €

Pfeilkraut
Stück 3,95 €

Informationen für Aquarium-Einsteiger

Preise

Grundausstattung

60-Liter-Aquarium mit Heizstab und Filteranlage	**99 €**

Zubehör

Beleuchtung	**50 €**
Kiesel- und Schiefersteine	**25 €**
Pflanzenboden	**20 €**

Verbrauchsmaterial

Fischfutter	**10 €**
Scheibenreiniger	**15 €**
Wasserklärer	**10 €**
Wassertest	**18 €**

Wichtige Tipps

- In einem 60-Liter-Aquarium sollen höchstens 15 bis 20 Fische leben.
- Die Wassertemperatur hängt von den Fischarten ab. Informiere dich darüber.
- Die Beleuchtung ist wichtig. Zierfische kommen aus Gebieten, in denen die Sonne 12 bis 14 Stunden am Tag scheint.
- Die Filteranlage hält das Wasser sauber und bewegt es.

(2) Was brauchst du für dein Aquarium? Sprecht darüber und notiert.

a) Welche Ideen und Fragen habt ihr noch?

b) Was kostet dein Aquarium? Rechne.

AH S. 12

③ Familie Müller will ein Süßwasseraquarium einrichten. Das Aquarium besorgen die Eltern. Sie bezahlen auch Fische für 20 €. Das Zubehör kaufen die Kinder.

Die ersten Verbrauchsmaterialien kauft uns Oma.

Wir haben 120 € gespart. Ob das Geld noch für Wasserpflanzen reicht?

a) Notiert Fragen und ordnet:

1 + 1	👁	i
Fragen, bei denen wir rechnen müssen	Fragen, die wir sofort beantworten können	Fragen, für die wir noch mehr Informationen benötigen

b) Löse die Aufgaben, bei denen man rechnen muss.

④ Die Kinder können jeden Monat zusammen 8 € von ihrem Taschengeld sparen.

a) Wie viele Guppys können sie sich kaufen, wenn sie 3 Monate lang gespart haben?
b) Suche dir 4 Wasserpflanzen aus. Wie lange müssen die Kinder dafür sparen?

Musst du genau rechnen oder reicht der Überschlag?

⑤ Ein Aquarium verursacht täglich Kosten. Die Heizung und die Filteranlage verbrauchen Strom. Futter und Putzmittel müssen nachgekauft werden.

Stromkosten pro Tag: 0,70 €
Kosten für Futter und Putzmittel pro Tag: 0,50 €

Wie viel Geld kostet ein Aquarium in einer Woche, einem Monat, (einem Jahr)?

⑥ Neonsalmler leben im Schwarm. In einem Aquarium sollten mindestens 10 Tiere zusammen sein. Ein Neonsalmler wird ungefähr 4 cm lang.
Wie viele Liter muss ein Aquarium für einen Schwarm Neonsalmler mindestens fassen?

a) Welche dieser 3 Informationen brauchst du noch, um diese Aufgabe zu lösen?

In einem runden Gefäß fühlt sich kein Fisch wohl.

Ein Fisch der 1 cm lang ist, braucht 4 l Wasser. Ein Fisch, der 2 cm lang ist, braucht 8 l Wasser, …

Ein Aquarium sollte mindestens 60 Liter fassen.

b) Löse die Aufgabe.

① a) Netze mit Mal- und Geteiltaufgaben: Erkläre.
Übertrage das Netz in dein Heft. Finde weitere Aufgaben.

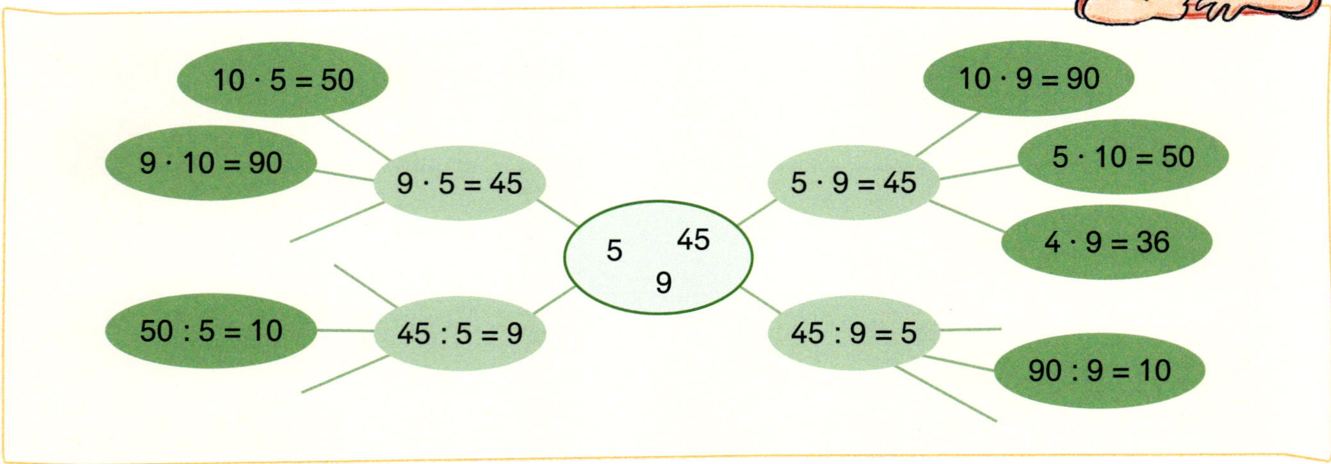

b) Erstelle Netze.

2 14 7 | 6 54 9 | 8 72 9 | ★ 36 12 3

② Multiplizieren und dividieren mit 10 und 100

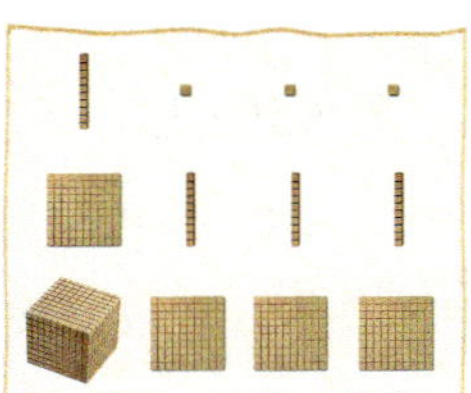

T	H	Z	E
		1	3
	1	3	0
1	3	0	0

· 10, · 10, · 100

T	H	Z	E
1	3	0	0
	1	3	0
		1	3

: 10, : 10, : 100

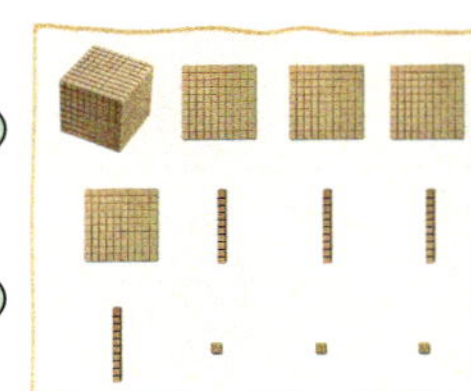

Ergänze die Sätze der Kinder und schreibe die Rechnungen auf.

③

a)	b)	c)	d)	e)
15 · 10	10 · 18	1 100 : 10	140 : 10	170 : 10
15 · 100	100 · 18	1 100 : 100	1 400 : 10	1 700 : 10
150 · 10	10 · 180	110 : 10	1 400 : 100	1 700 : 100

AH S. 13

4 Rechenkonferenz: Multiplizieren mit Vielfachen von 10 und 100. Erkläre die Rechenwege.

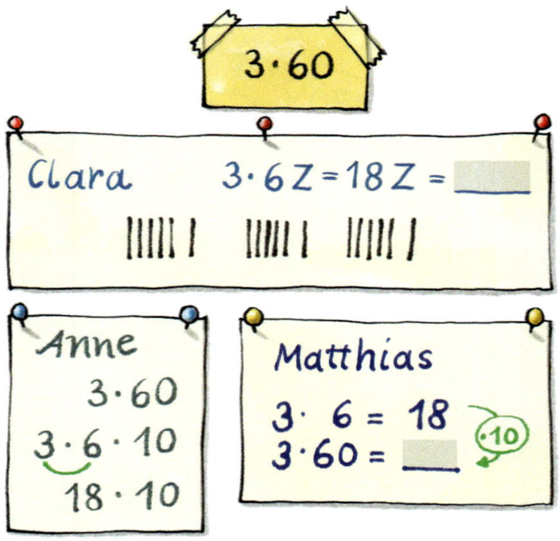

Rechne auf deinem Weg.

a) 5 · 70 4 · 80 6 · 30 7 · 90 8 · 60 9 · 40
   90 · 3 50 · 6 80 · 7 40 · 4 70 · 3 60 · 6

b) 5 · 300 4 · 500 3 · 600 400 · 2 300 · 3 200 · 9

5 Dividiere.

320 : 40 = ☐
☐ · 40 = 320

320 : 4 = ☐
☐ · 4 = 320

a) 320 : 40 b) 490 : 70 c) 360 : 60 d) 450 : 50
   320 : 4   490 : 7   360 : 6   450 : 5

e) 540 : 60 f) 480 : 80 g) 240 : 40 h) 350 : 50
   540 : 6   480 : 8   240 : 4   350 : 5

6

Das **Produkt** ist das Ergebnis einer Multiplikation.
6 · 40 = **240**

Der **Quotient** ist das Ergebnis einer Division.
240 : 80 = **3**

a) Bilde Produkte und Quotienten.

3 60 4 240 80 30 40 24 8 6 1 200

b) Finde das kleinste und das größte Produkt.
Finde den kleinsten und den größten Quotienten.

Kombinieren und darstellen

(1) Eulalia hat ein Geheimnis.
Am Montag erzählt sie es ihren zwei Freunden Simsala und Bim. Am Dienstag in der Zauberschule erzählen die beiden wieder je zwei weiteren Freunden von dem Geheimnis. So geht es jeden Tag weiter.

a) Wie viele wissen am Freitag von Eulalias Geheimnis?
Überlege und schreibe auf. Diese Darstellungen können dir helfen:

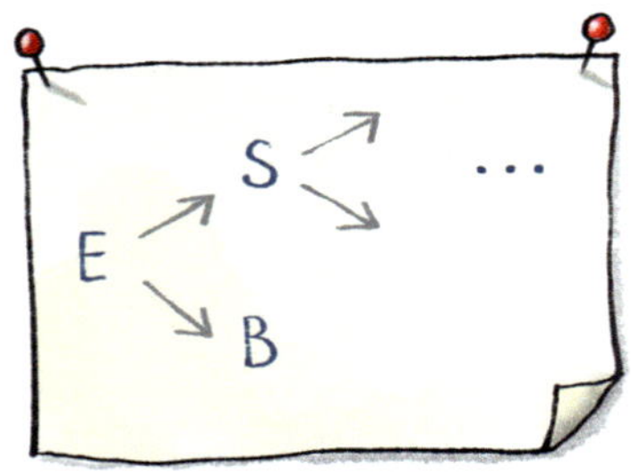

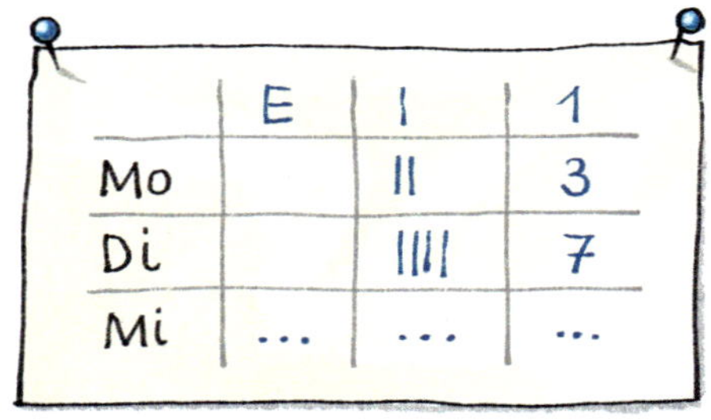

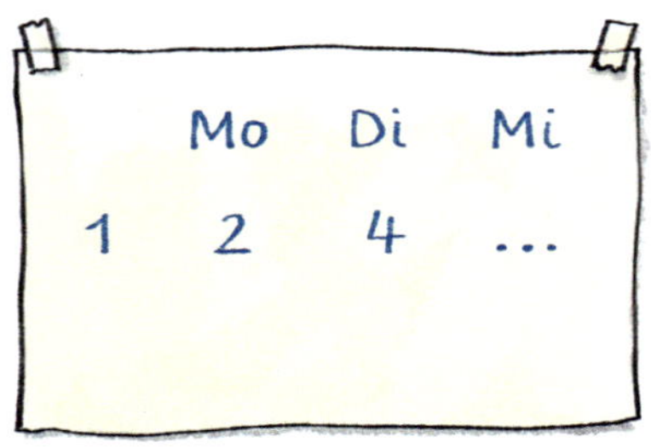

b) Vergleicht eure Darstellungen.
Welche ist übersichtlich und geschickt?

c) Stellt eure Darstellungen in der Klasse vor. Vergleicht.

(2) Morgen fällt Leichtathletik aus. Die Übungsleiterin startet für die 39 Kinder eine Telefonkette. Sie ruft 3 Kinder selbst an.
Jedes Kind ruft wieder 3 Kinder an.

a) Stelle die Telefonkette auf 2 verschiedene Arten dar.

b) Was wäre, wenn …?

- … die Übungsleiterin 4 Kinder selbst anruft?
- … 42 Kinder angerufen werden müssen?
- … jedes Kind nur 2 andere Kinder anruft?

Verändere die Aufgabe selbst.

c) Erfinde eine Telefonkette für deine Sportgruppe, Musikgruppe, …

AH S. 14

(3) Sina, Anton, Penelope und Pia gehen Eis essen.
Es gibt die Sorten Schokolade, Vanille, Zitrone, Erdbeere, Melone und Himbeere.
Wie viele Möglichkeiten gibt es für eine Eistüte mit zwei Kugeln?

a) Löse die Aufgabe. Du kannst zeichnen, eine Tabelle anlegen oder ein Baumdiagramm erstellen.

	S	V	Z	E	M	H
S	x					
V	x	x				
Z	x	x				
E	x	x				
M	x	x				
H	x	x				

SS SV SZ SE SM SH **6**
VV VZ ...

mit Schokolade: 6
mit Vanille: 5
mit Zitrone: ...

?

b) Vergleicht eure Darstellungen. Welche ist übersichtlich und geschickt?

c) Wie viele Möglichkeiten gibt es, wenn es auch noch Pistazieneis gibt?

(4) Wundertüte: 4 Sorten Eis zur Auswahl.
Wähle zwei Kugeln entweder mit Schokosoße oder mit Sahne oder mit bunten Streuseln.
Wie viele Möglichkeiten gibt es?

(5) Schlumpfeis, Gummibärcheneis, Waldmeistereis und Zauberwassereis:
Wie viele Möglichkeiten gibt es für eine Eistüte, wenn die Reihenfolge wichtig ist?

1 Zeichne und trage in die Stellenwerttafel ein.

475 □ □ |||||:·· □ □ ||

T	H	Z	E
	4	7	5

475	450	296
621	504	1 034
820	333	1 001

2 Schreibe alle 100er-Zahlen mit ihren Nachbarn auf.

Vorgänger		Nachfolger
99,	100,	101
…	200,	…

3 Lege im Kopf.
Welche Stellen ändern sich?
Rechne.

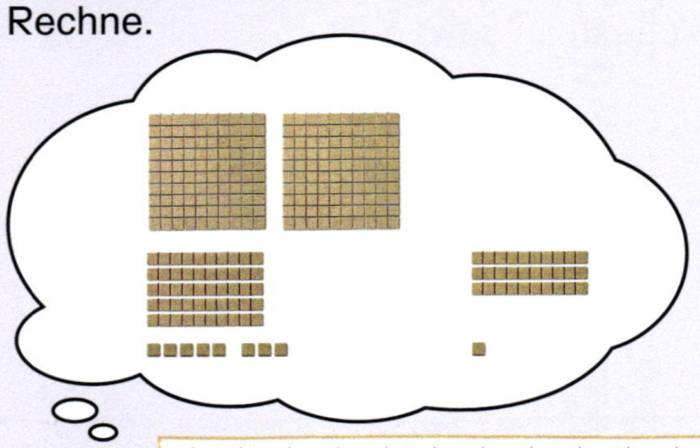

2 5 8 + 3 1 =

a)	b)	c)
258 + 31	143 + 37	333 + 57
258 + 35	143 + 73	333 + 77
426 + 53	654 + 44	666 + 14
426 + 58	654 + 46	666 + 44

4 Lege im Kopf. Welche Stellen ändern sich?
Rechne.

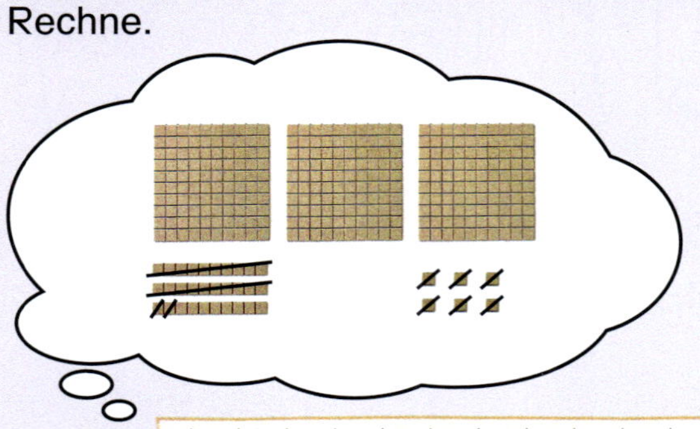

3 3 6 − 2 8 =

a)	b)	c)
336 – 28	276 – 54	927 – 37
336 – 24	276 – 58	927 – 49
463 – 23	504 – 23	663 – 66
463 – 83	504 – 27	663 – 99

5 Zur 1 000 – von der 1 000 weg

a)	b)	c)
420 + ☐ = 1 000	897 + ☐ = 1 000	1 000 – 480 = ☐
547 + ☐ = 1 000	454 + ☐ = 1 000	1 000 – 573 = ☐
333 + ☐ = 1 000	101 + ☐ = 1 000	1 000 – 666 = ☐

6 Rechne schriftlich ⊕ und ⊖.

a) 624 + 168 = ▢ | 336 + 405 = ▢ | 576 + 247 = ▢ | 694 + 107 = ▢ | 726 + 345 = ▢

b) 974 − 625 = ▢ | 664 − 208 = ▢ | 725 − 187 = ▢ | 533 − 264 = ▢ | 804 − 647 = ▢

7 Wie verändern sich die Zahlen jeweils? Überlege und rechne.

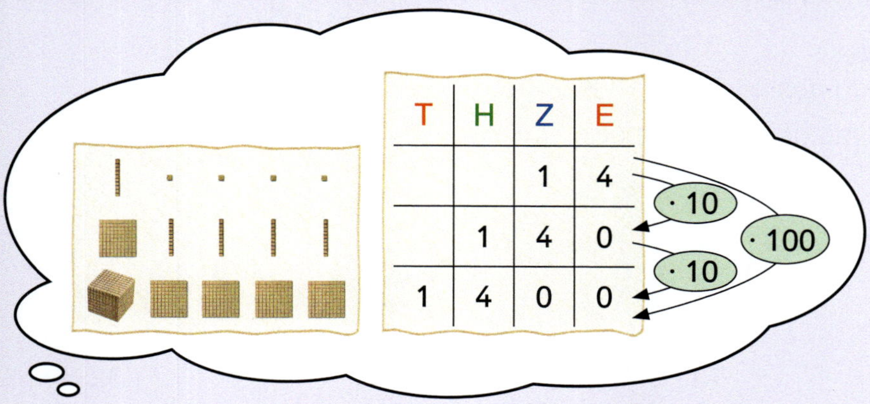

a)	b)	c)	d)
14 · 10	27 · 10	32 · 10	10 · 46
14 · 100	27 · 100	320 · 10	100 · 46
140 · 10	270 · 10	32 · 100	10 · 460

8 Rechne Aufgabe und Umkehraufgabe.

180 : 10 = 18
18 · 10 = 180
1800 : 100 = ▢
▢ · 100 = ▢

a)	b)	c)	d)	e)	f)
180 : 10	270 : 10	340 : 10	4800 : 100	1000 : 10	6800 : 10
1800 : 100	2700 : 10	3400 : 100	4800 : 10	1000 : 100	680 : 10

9 Welche Malaufgaben fallen dir noch schwer? Schreibe in dein 📖.

10 5 Zahlen – 8 Aufgaben

4 · 80 = 320
320 : 80 = ▢
80 · 4 = ▢
...

a) 4, 40, 320, 80, 8

b) 6, 60, 180, 30, 3

c) 7, 70, 350, 50, 5

Halbschriftlich multiplizieren

① Rechenkonferenz: Große Multiplikationsaufgaben lösen

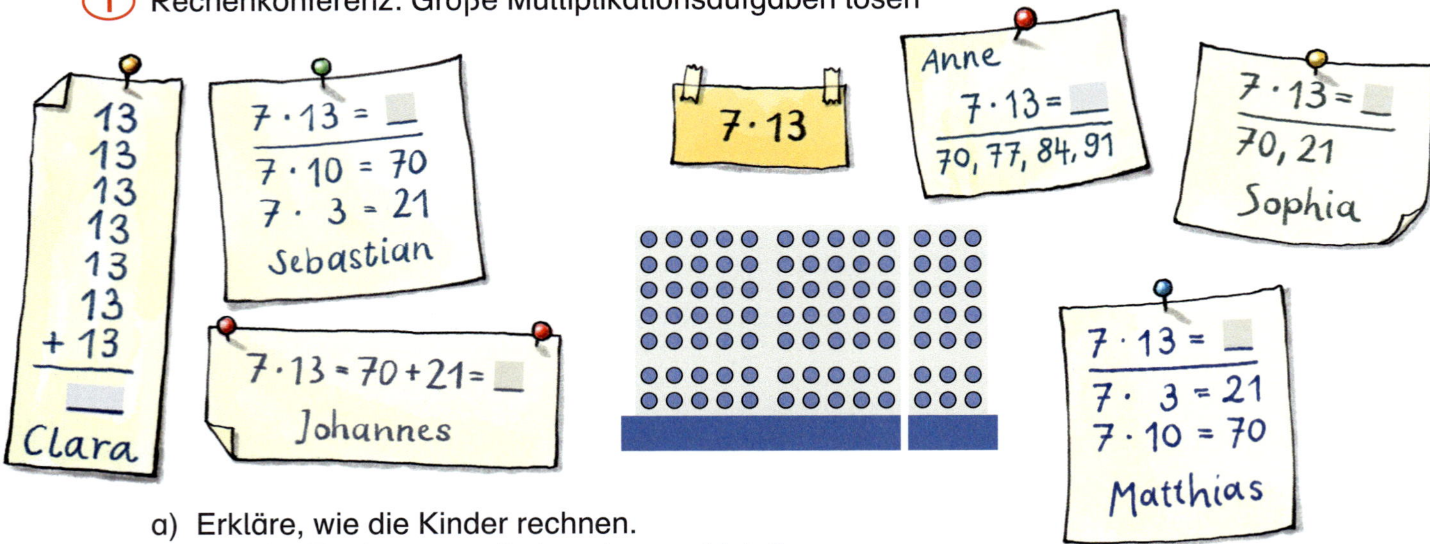

a) Erkläre, wie die Kinder rechnen.
Welche Rechnungen findest du geschickt?

b) Wie rechnest du? Vergleiche mit deinem Partner.

② Rechne auf deinem Weg.

a)	b)	c)	d)	e)
3 · 37	6 · 57	32 · 4	28 · 6	65 · 4
3 · 92	8 · 93	81 · 6	47 · 8	81 · 8
3 · 54	9 · 26	55 · 7	86 · 7	6 · 54
3 · 46	4 · 85	73 · 3	72 · 9	7 · 32

111, 128, 138, 162, 168, 219, 224, 234, 260, 276, 324,
340, 342, 376, 385, 486, 602, 648, 648, 744

③ Rechenkonferenz: Rechnen mit Hunderterzahlen

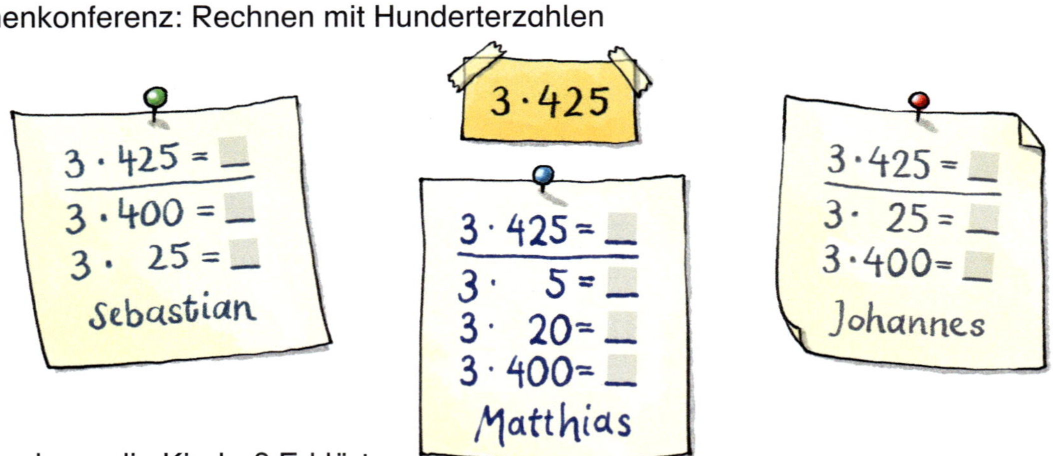

Wie rechnen die Kinder? Erklärt.

Rechne auf deinem Weg.

a)	b)	c)	d)	e)
3 · 425	5 · 187	4 · 316	227 · 4	187 · 9
5 · 336	6 · 209	9 · 112	312 · 5	419 · 3
8 · 157	2 · 568	3 · 278	405 · 3	163 · 7

834, 908, 935, 1008, 1136, 1141, 1215, 1254, 1256, 1257, 1264, 1275, 1560, 1680, 1683

④ Welche Aufgaben kannst du im Kopf lösen? Rechne nur diese Aufgaben.

3 · 309 | 6 · 189 | 3 · 72 | 2 · 64 | 44 · 9 | 213 · 3 | 258 · 6

5 Rechentrick 1: verdoppeln oder halbieren

Erkläre die Rechenwege.

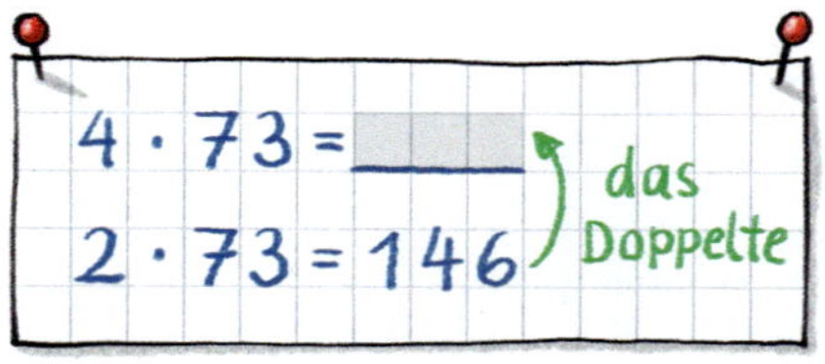

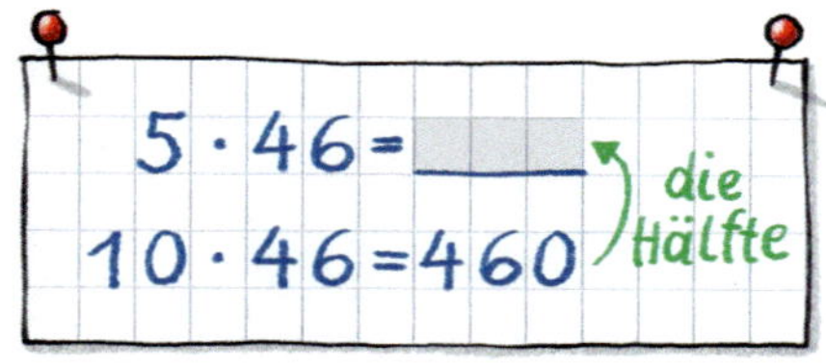

Das Ergebnis muss doppelt so groß sein, weil …

Das Ergebnis ist die Hälfte von 460, weil …

Löse diese Aufgaben mit Verdoppeln oder Halbieren.

a)	b)	c)	d)	e)
4 · 23	4 · 56	5 · 24	5 · 48	5 · 82
4 · 53	4 · 33	5 · 41	5 · 26	4 · 46
4 · 24	4 · 16	5 · 18	5 · 66	5 · 38

6 Rechentrick 2: Nahe an der Zehnerzahl

Erkläre den Rechenweg.

Ich habe dreimal einen Einerwürfel zu viel.

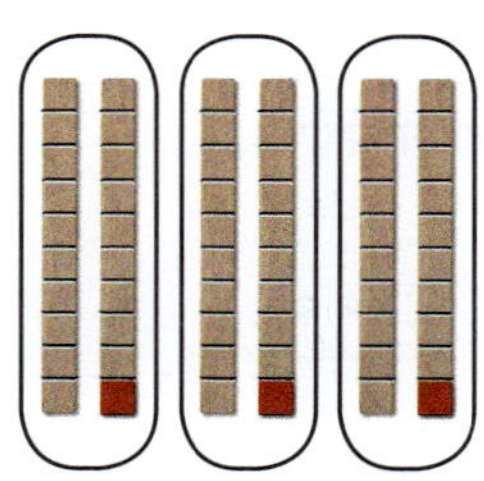

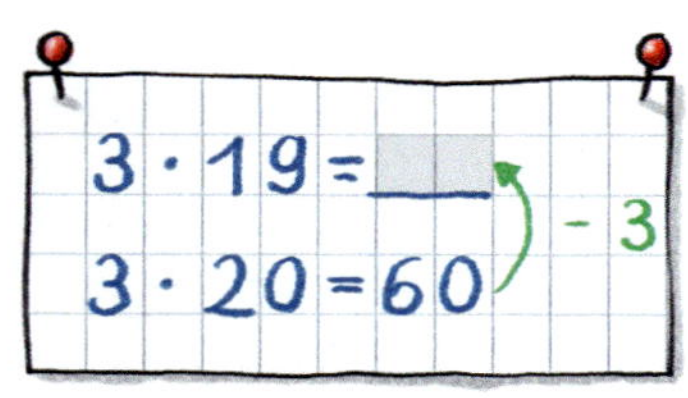

Löse diese Aufgaben mit der Zehnerzahl.

a)	b)	c)	★ d)	★ e)
4 · 29	7 · 19	79 · 4	4 · 38	17 · 9
6 · 49	5 · 39	19 · 8	6 · 78	43 · 9
3 · 59	2 · 69	29 · 6	7 · 58	26 · 9

116, 133, 138, 152, 152, 153, 174, 177, 195, 234, 294, 316, 387, 406, 468

7 Rechne. Vielleicht hilft dir ein Rechentrick.

a)	b)	c)	★ d)	★ e)
4 · 36	4 · 67	65 · 5	68 · 8	116 · 9
5 · 63	6 · 79	99 · 7	98 · 6	298 · 6
7 · 39	5 · 84	45 · 4	76 · 9	4 · 265

144, 180, 268, 273, 315, 325, 420, 474, 544, 588, 684, 693, 1044, 1060, 1788

1 Rechenkonferenz: Große Divisionsaufgaben lösen

a) Erkläre, wie die Kinder rechnen.
b) Welches Problem hat Magdalena?
c) Wie rechnest du? Vergleiche mit deinem Partner.

2 Zerlege und rechne.
a) Hier hilft die Viererreihe.

172 : 4 = □	372 : 4 = □	420 : 4 = □
344 : 4 = □	76 : 4 = □	228 : 4 = □

b) Hier hilft die Siebenerreihe.

21 Z kann ich durch 7 teilen.

224 : 7 = □	462 : 7 = □	637 : 7 = □
399 : 7 = □	378 : 7 = □	483 : 7 = □

70, 140, 210, 280, 350, …

c) Hier hilft die Neunerreihe.

18 Z kann ich durch 9 teilen.

189 : 9 = □	288 : 9 = □	351 : 9 = □
153 : 9 = □	396 : 9 = □	549 : 9 = □

90, 180, 270, 360, 450, …

3 Rechne.

a) 183 : 3	b) 168 : 6	c) 434 : 7	d) 981 : 9	e) 186 : 6
190 : 5	208 : 2	444 : 4	445 : 5	256 : 8

28, 31, 32, 38, 61, 62, 89, 104, 109, 111

④ In welchem Bereich liegt das Ergebnis jeweils?

Rechne wie im Beispiel.

203 : 7	133 : 7	153 : 3	264 : 8
520 : 8	255 : 5	621 : 9	?

★ ⑤

440 : 8   234 : 9   420 : 6   280 : 7

290 : 5   320 : 4   216 : 9   413 : 7

336 : 4   267 : 3   776 : 8   140 : 5

Rechne nur die Aufgaben, deren Ergebnisse …

a) … kleiner als 30 sind,   b) … Zehnerzahlen sind,   c) … größer als 80 sind.

⑥ Zerlege und rechne.
Überprüfe deine Ergebnisse mit der Umkehraufgabe (Probe).

568 : 8 = 71   71 · 8 = 568
560 : 8 = 70   70 · 8 = 560
8 : 8 = 1   1 · 8 = 8

a)	b)	c)
568 : 8	608 : 8	738 : 9
195 : 5	513 : 9	1272 : 6
549 : 9	462 : 6	644 : 4
672 : 8	435 : 5	875 : 7

⑦ Es kann auch ein Rest bleiben.

525 : 6 = 87 R3
480 : 6 = 80
45 : 6 = 7 R3

a)	b)	c)
525 : 6	742 : 8	850 : 9
417 : 6	861 : 9	424 : 6
379 : 4	608 : 7	949 : 9
525 : 9	328 : 7	652 : 8
633 : 5	231 : 9	114 : 5

Wenn du richtig gerechnet hast, fällt dir bei den Resten etwas auf.

⑧ Dividieren durch Zehnerzahlen

468 : 90 = 5 R18
450 : 90 = 5
18 : 90 = 0 Rest 18

a)	b)	c)
468 : 90	357 : 60	486 : 40
572 : 90	175 : 20	259 : 30
364 : 90	361 : 70	703 : 80

4 R4, 5 R11, 5 R18, 5 R57, 6 R32, 8 R15, 8 R19, 8 R63, 12 R6

6 Schritte zur Lösung ①

① Diese 6 Schritte helfen beim Lösen von Sachaufgaben. Erkläre jeden Schritt.

② Tim verlässt um 7.50 Uhr das Haus. Mit dem Bus fährt er zur Schule. Bis 12.50 Uhr hat Tim Unterricht. Nach der Schule geht er zu seinen Großeltern. Für den Weg braucht er 25 Minuten. In den nächsten eineinhalb Stunden bleibt er bei seinen Großeltern. Oma fährt ihn nach Hause. Die Autofahrt dauert 10 Minuten. Um wie viel Uhr ist Tim wieder zu Hause?

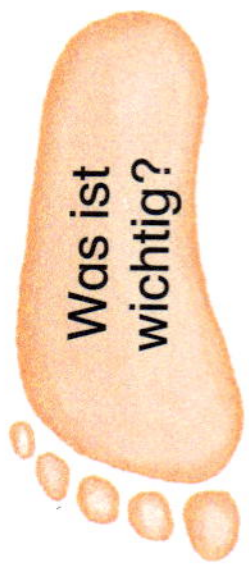

a) Lies genau.
b) Was ist wichtig? Was hilft? … Überlege mit deinem Partner.
c) Löse die Sachaufgabe auf deinem Weg.
d) Erkläre die Skizzen und Stichwortzettel der Kinder. Vergleiche.

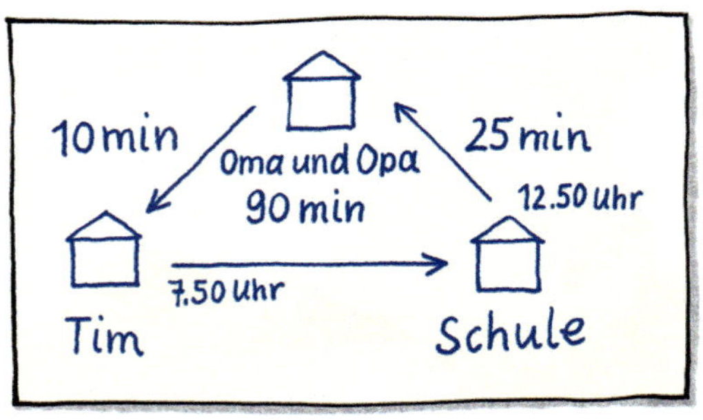

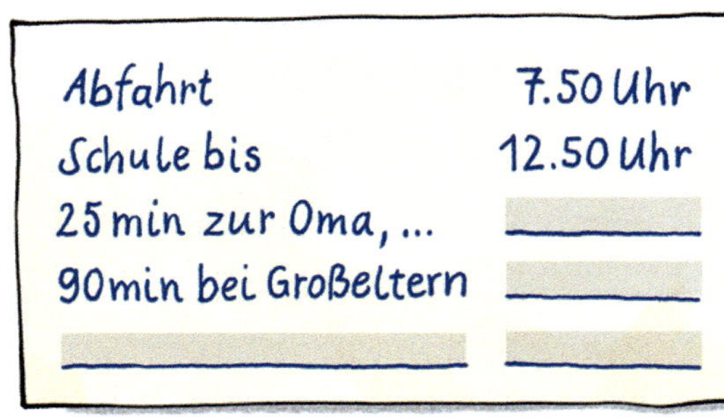

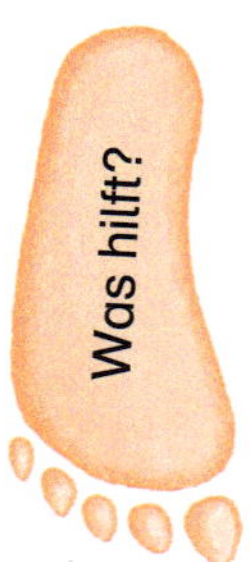

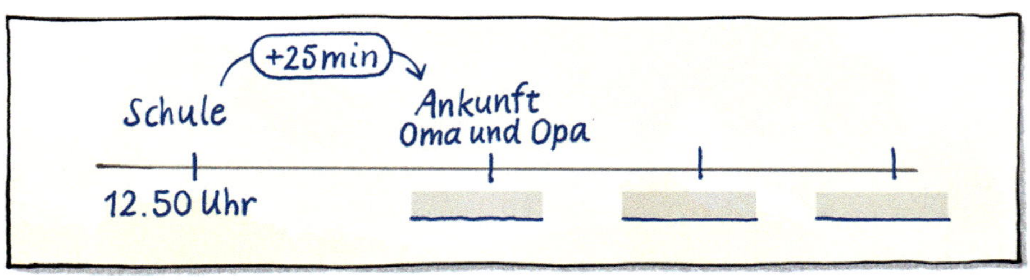

③ Löse die Sachaufgabe auf deinem Weg.

Katharina und Lea machen eine Rundtour mit dem Rad. Sie starten um 9.00 Uhr in Dorfen. Zuerst fahren sie in einer halben Stunde 6 km nach Bergen. Dort machen sie 10 min Pause. Dann geht es weiter nach Talbach. Die Entfernung zwischen beiden Orten beträgt 3 km. Um 9.55 Uhr sind sie da. Sie machen ein Picknick und fahren eine Stunde später über Burghof zurück. Sie brauchen für die Strecke von 5 km 20 Minuten.
Um wie viel Uhr sind sie zurück? Wie viele km sind sie gefahren?
Eine Skizze kann dir helfen.

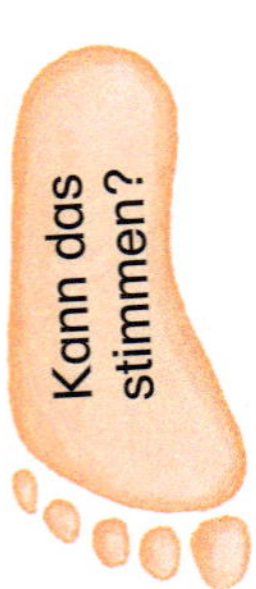

4 a) Überlege, wie die Begriffe zur Aufgabe passen.

Vincent hat einen Arzttermin. Er verlässt mit seiner Mutter um 13.20 Uhr das Haus.
Die Autofahrt dauert 35 Minuten. Im Wartezimmer muss Vincent 55 Minuten warten. Die Behandlung ist nach 18 Minuten beendet. Dann fahren sie wieder nach Hause.
Wann ist Vincent zu Hause?
Wie lange ist Vincent von zu Hause weg?

- Abfahrt
- Uhrzeit
- Zeitdauer
- Wartezeit
- ...

b) Erstellt einen Stichwortzettel, eine Tabelle oder eine Skizze zur Aufgabe.
Verwendet die Begriffe. Vergleicht: Was hilft dir zur Lösung?

Abfahrt 13.20 Uhr
⋮

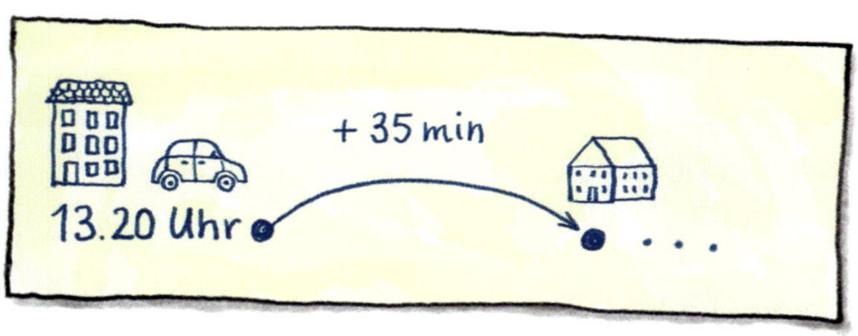

Abfahrt	Dauer	Uhrzeit
13.20 Uhr	35 min 55 min	

5 Erfinde selbst eine Sachaufgabe.

6 Kann das stimmen?

Paul fährt 5 Minuten mit dem Rad zu seinem Freund. Um 14.45 Uhr fährt er los. Die Jungen spielen zusammen 90 Minuten Fußball. Um 16 Uhr ist er wieder zu Hause.

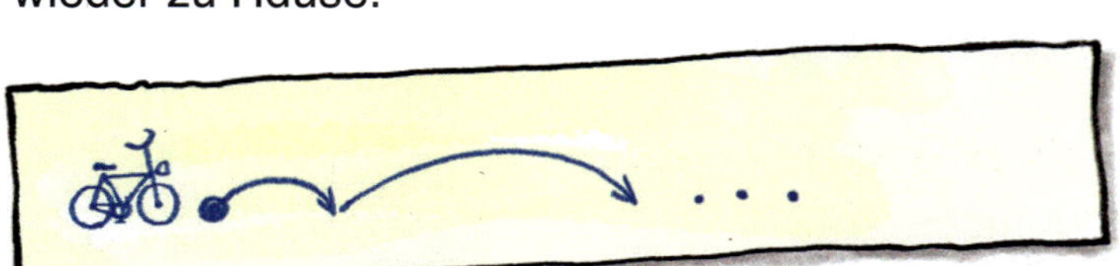

6 Schritte zur Lösung ②

übriges Geld

fehlendes Geld

vorhandenes Geld

...

① Tom möchte ein Tablet für 192 € kaufen. Für die Hälfte des Kaufpreises konnte er Oma als Sponsorin gewinnen. Von seinem Taschengeld hat er sieben Monate lang monatlich 8 € gespart.

a) Kann er sich das Tablet schon kaufen?
b) Wie lange muss er noch sparen, wenn er weiterhin jeden Monat 8 € zur Seite legt?
c) Er überlegt: „Wenn ich ab jetzt eisern spare, schaffe ich vielleicht 11 € im Monat."

② Erkan möchte ein Smartphone kaufen. Die Hälfte des Kaufpreises, das sind 49 €, schenkt ihm sein Onkel zum Geburtstag. Von seinem Taschengeld hat er seit fünf Monaten jeden Monat 5 € gespart.

Wie viel müsste er jeden Monat von seinem Taschengeld sparen, um sich das Smartphone nach drei Monaten kaufen zu können?

③ Esther und Svenja wollen sich zusammen ein Notebook für 360 € kaufen. Ihre Eltern bezahlen die Hälfte. Esther ist älter und hat mehr Geld, also soll sie doppelt so viel bezahlen wie Svenja.

Wie viel muss jede bezahlen?

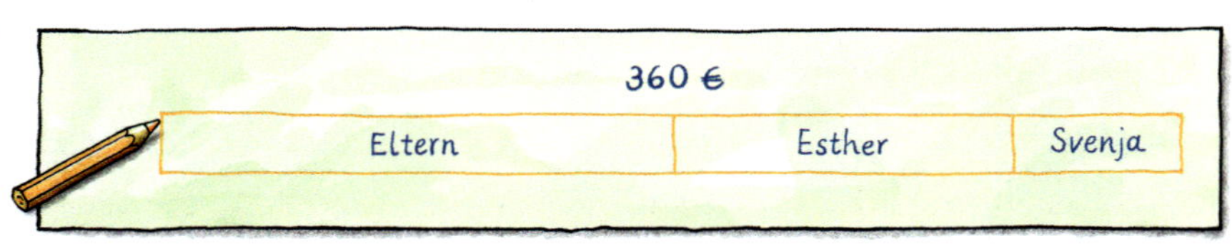

④ Erfinde mit deinem Partner eine Sachaufgabe.
Zeichne eine Skizze, Tabelle oder einen Stichwortzettel. Schreibe diese in dein .

AH S. 21

5

In der Fürstenschule wird der Pausenhof umgebaut. Die dafür geplante Sitzgruppe kostet 1700 € und die Kletterwand 2400 €.

Die Kinder wünschen sich zwei Pedalos zu je 65 €, einen Basketballkorb für 58 €, 10 Fußbälle zu je 12 €, 10 Sprungseile zu je 9 € und drei Sitzkreisel zu je 35 €.

Die Gemeinde stellt 5000 € bereit.

Reicht das Geld?

Sitzgruppe	1700 €
Kletterwand	2400 €
2 Pedalos	...

6

Bald ist die Fahrradprüfung. Die Kinder wollen einen Fahrrad-Parcours aufbauen. Vom Starthütchen bis zum Zielhütchen sind es 24 m.

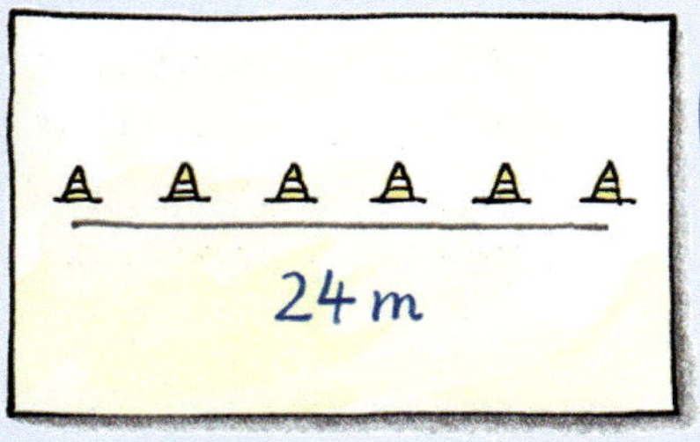

Wie viele Hütchen müssen die Kinder aufstellen?
Der Abstand zwischen den Hütchen soll 4 m betragen.

7

Tim braucht von zu Hause bis zur Schule für 1200 m 4 min mit dem Rad. Nach der Schule begleitet er Anika nach Hause. Von der Schule zu Anika sind es 700 m und dann nach Hause 800 m.

1 Tag	300 m	1 min
1 Woche	2100 m	7 min
1 Monat		

Wie viele „Extra"-Kilometer fährt er in einem Monat?
Wie lange ist er dafür unterwegs?

8

Für den Pausenhof soll eine Tischtennisplatte gekauft werden. Die Platte kostet mit allem Zubehör 360 €. Die Hälfte bezahlt die Gemeinde. Ein Teil wird über Spenden finanziert und doppelt so viel über Kuchenverkäufe an der Schule.

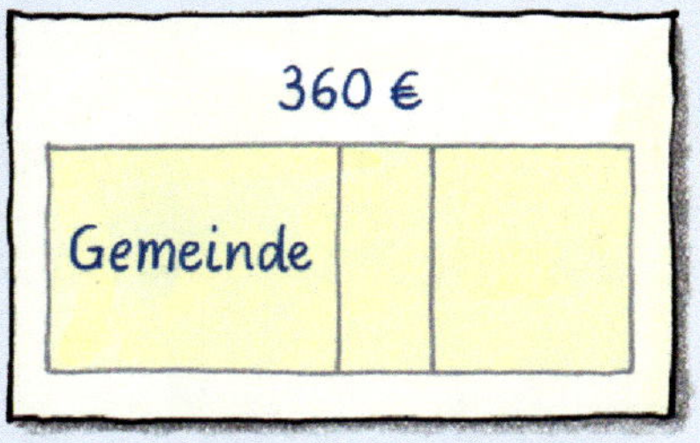

Wie viel Geld muss bei den Kuchenverkäufen eingenommen werden?

Was ist im Säckchen?

1. a) Jede Gruppe bekommt ein Säckchen mit den gleichen 6 Steckwürfeln. Ihr dürft 10-mal ziehen. Legt den Würfel nach jedem Ziehen zurück ins Säckchen. Erstellt ein Balkendiagramm:

rot									
blau									
gelb									
grün									

   b) Überlegt jetzt: Was könnte im Säckchen sein?

   c) Könnte es eines von diesen Säckchen sein? Könnt ihr ein Säckchen ausschließen?

2. a) Fasst die Ergebnisse in der Klasse zusammen. Wie oft ist welche Farbe gezogen worden? Was könnte im Säckchen sein? Vergleicht mit Aufgabe 1 c). Begründet.

   Sehr wahrscheinlich ist es …, weil …

   Säckchen … ist eher unwahrscheinlich, weil …

   Es ist sicher nicht Säckchen …, weil …

   b) Schaut ins Säckchen. Vergleicht mit euren Vermutungen.

3. 

   a) Greift blind 6 Würfel aus einer Kiste und legt sie in ein Säckchen. Zieht mehrmals einen Würfel aus dem Säckchen. Schreibt jeweils die Farbe auf und legt den Würfel nach jedem Ziehen wieder zurück ins Säckchen. Wenn ihr denkt, ihr wisst, was im Säckchen ist, schreibt eure Vermutung auf. Begründet, schaut ins Säckchen. Vergleicht.

   b) Füllt das Säckchen nun mit 10 Würfeln und zieht.

④ Miriam hat für Elias ein Säckchen mit 6 Würfeln gefüllt.

a) Elias zieht 4-mal.

rot								
blau	X	X						
gelb	X	X						
grün								

Er sagt: „Ich weiß es. Es sind 3 blaue und 3 gelbe Würfel."
Was sagst du dazu?

b) Er zieht noch 4-mal.

rot								
blau	X	X	X					
gelb	X	X	X	X				
grün	X							

Er sagt: „Es kann kein roter Würfel drin sein."
Was sagst du dazu?

c) Elias zieht insgesamt 30-mal.
Welche 6 Würfel könnten im Säckchen sein?
Begründe deine Vermutung.

rot	
blau	12
gelb	14
grün	4

⑤ Welches Säckchen könnte zu welchem Versuchsergebnis passen?
Gibt es mehrere Möglichkeiten? Begründe deine Meinung.

a)

rot	卌	卌	卌	卌	卌	卌	卌	卌
blau	卌	卌						
gelb								
grün	卌	卌	卌	卌	卌			

b)

rot	卌	卌	卌	卌	卌			
blau	卌	卌	卌	卌	卌	卌		
gelb	卌	卌	卌	卌				
grün								

c)

rot	卌	卌	卌	卌	卌	卌		
blau	卌	卌	卌	卌				
gelb	卌	卌	卌					
grün	卌	卌						

d)

rot	卌	卌	卌	卌	卌	卌	卌	卌
blau	卌							
gelb								
grün	卌	卌						

e)

rot	卌	卌						
blau	卌	卌	卌	卌	卌	卌		
gelb	卌	卌	卌	卌	卌			
grün	卌							

f)

rot	卌	卌	卌	卌	卌	卌	卌	卌
blau	卌	卌	卌	卌	卌	卌	卌	
gelb								
grün								

⑥ Füllt 6 Würfel in ein Säckchen, sodass die Ergebnisse im Diagramm …

… eher wahrscheinlich, … eher unwahrscheinlich, … unmöglich sind.

Vergleicht eure Vorschläge in der Klasse.

rot	卌	卌	卌	卌	卌	卌	卌	卌	卌	卌
blau	卌	卌	卌							
gelb	卌	卌	卌	卌	卌	卌	卌			
grün										

Vom Einer zum Hunderttausender

① Eulalia setzt Würfel zusammen. Erkläre.
Schreibe die Zahlen in die Stellenwerttafel.

1 Einerwürfel

1

HT	ZT	T	H	Z	E
					1

10 Einerwürfel:
1 Zehnerstange

1 0

HT	ZT	T	H	Z	E
				1	0

10 Zehnerstangen:
1 …

1 0 0

HT	ZT	T	H	Z	E

10 Hunderterplatten:
1 …

1 0 0 0

HT	ZT	T	H	Z	E

10 Tausenderwürfel:
1 …

1 0 0 0 0

HT	ZT	T	H	Z	E

1 0 0 0 0 0

HT	ZT	T	H	Z	E

10 Zehntausenderstangen:
1 …

2 Lange Zahlenkarten. Welche Karte gehört zu welchem Zahlwort? Schreibe auf.

20-tausend
40-tausend
70-tausend
7-tausend
80-tausend
30-tausend
90-tausend
4-tausend
9-tausend
60-tausend
2-tausend
100-tausend

30000 | 4000 | 60000
20000 | 70000 | 80000
40000 | 9000 | 7000
100000 | 2000 | 90000

20 -tausend: 20000

3 Legt mit den Zahlenkarten von Aufgabe 2 große Zahlen. Schreibt sie auf.
Lest sie euch gegenseitig vor.

70000 + 4000 = 74000

7 4000

HT	ZT	T	H	Z	E
	7	4	0	0	0

4 Große Zahlen lesen

Immer 3 Stellen gehören zusammen, immer H, Z und E:

HT ZT T H Z E
137 412

Lies: 137 -tausend 412

137 412

Um große Zahlen gut lesen zu können, lassen wir nach 3 Ziffern eine Lücke.

5 Lies und schreibe die Zahl auf.

siebenundzwanzigtausend | vierundneunzigtausend
neunzigtausend | dreiunddreißigtausend
★ einhundertsechsundvierzigtausend | einhundertneunundneunzigtausend

Legen, spielen, rechnen bis 100 000

1 a) Lege diese Zahlen mit deinem Kartensatz nach.
Welche Karten brauchst du?

Schreibe auf: 29 315 = 20 000 + ...

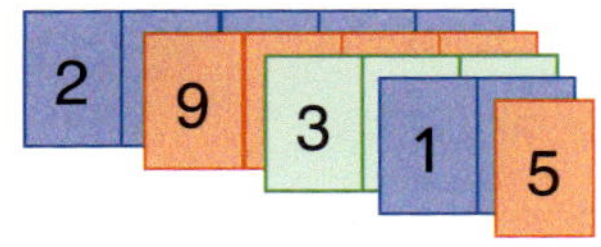

29 315 | 75 237 | 3 331 | 11 231

61 442 | 32 861 | 5 709 | 99 801

b) Schreibe eine Zahl auf. Dein Partner legt sie mit den Karten nach.
Wechselt euch ab.

2 Zahlen mit Nullen

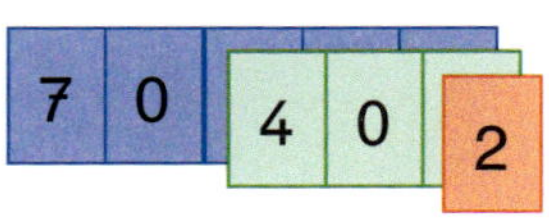

Lege die Zahl nach und lies sie. Schreibe auf:

70 402 = 70 000 + 400 + ...

a)	b)	c)	d)
5 720	80 809	60 420	1 020
9 003	66 008	40 903	10 802
3 031	90 090	11 001	20 004
4 102	57 800	30 243	11 003

3 a) Lege mit den Zahlenkarten und schreibe auf:

- die kleinste und die größte 4-stellige Zahl,
- die kleinste und die größte 5-stellige Zahl.

★ b) Überlege und schreibe in dein 📖: Wie viele 1-stellige, 2-stellige, 3-stellige Zahlen gibt es?
Gibt es mehr 4-stellige oder mehr 5-stellige Zahlen?

AH S. 24

4 Eine Zahl – drei Schreibweisen

		HT	ZT	T	H	Z	E	
a)	8612							8T, 6H, 1Z, 2E
	60403							
	53029							
b)								9ZT, 5T, 1H, 5Z
								8T, 4H, 9Z, 1E
								7ZT, 4T, 2H, 8Z, 4E
★ c)		1	2	0	3	7	1	
		2	2	0	9	5	4	
		1	0	0	6	1	2	

5

ZT	T	H	Z	E

● ● ●
● ● ●

a) Nimm 6 Plättchen. Lege verschiedene Zahlen. Schreibe sie auf.
b) Vergleiche mit deinem Partner.
Ordnet eure Zahlen. Erklärt.

c) Wie heißt die größte 5-stellige (4-stellige, 3-stellige) Zahl, die du mit 6 Plättchen legen kannst? Wie heißt die kleinste? Schreibe auf.

6

ZT	T	H	Z	E
●		●●●		●●●●

a) Lege nach und schreibe die Zahl auf.
Lege ein Plättchen dazu.
Welche Zahlen können entstehen? Schreibe auf.

b) Nimm aus der Stellenwerttafel ein Plättchen weg.
Welche Zahlen können entstehen? Schreibe auf.

c) Verschiebe jeweils ein Plättchen in der Stellenwerttafel.
Welche Zahlen können entstehen?

d) Lege eine andere Zahl mit 8 Plättchen und verändere sie wie bei a), b) und c).

7 Pokern

Zahlenseil und Zahlenstrahl bis 100 000

1 Wo findest du diese Zahlen am Zahlenseil oder unten am Zahlenstrahl? Erkläre.

a) 5 000 | 31 000 | 44 000 | 59 000 | 62 000 | 75 000 | 88 000

b) 9 999 | 2 001 | 39 999 | 80 001 | 79 999 | 99 999 | 100 001

2 Nachbar-Zehntausender:
Zwischen welchen Zehntausendern liegen diese Zahlen?
Welcher Zehntausender liegt <u>näher</u>? Schreibe so:

a)	b)	c)
21 417	68 724	?
35 683	83 519	
62 575	98 261	

a) <u>20 000</u>, 21 417, 30 000

3 Nachbar-Tausender:
Zwischen welchen Tausendern liegen diese Zahlen?
Welcher Tausender liegt <u>näher</u>? Schreibe so:

a)	b)	c)
3 615	62 671	?
4 789	84 936	
2 614	31 462	

a) 3 000, 3 615, <u>4 000</u>

4 Nachbarzahlen: Schreibe die Nachbarzahlen auf.

a)	b)	c)
2 627	55 555	?
5 858	72 536	
8 000	59 999	

Vorgänger | Nachfolger

a) 2 626, 2 627, 2 628

5 Zähle in Schritten. Schreibe auf:

a) Tausenderzahlen zwischen | 47 000 und 56 000 | 63 000 und 72 000 | ?

b) Hunderterzahlen zwischen | 3 000 und 3 700 | 75 000 und 76 000 | ?

c) Zehnerzahlen zwischen | 56 480 und 56 560 | 89 950 und 90 030 | ?

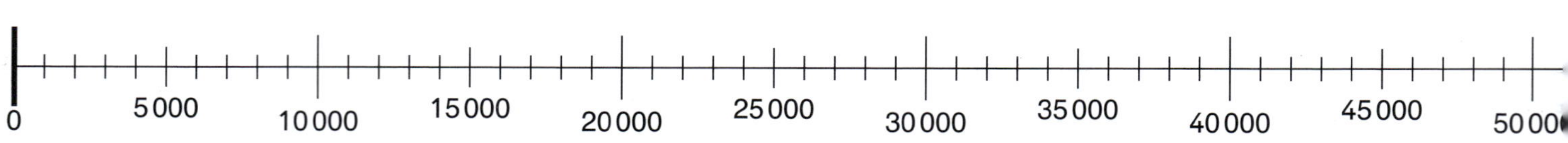

AH S. 25/26

6 Zähle rückwärts. Schreibe auf: Zahlen zwischen

35 592 und 35 576

70 008 und 69 997

50 003 und 49 994

35 592, 35 591, 35 590, ...

7 Zahlenfolgen: Beschreibe das Muster.

a) 63 210, 63 215, 63 220, …, 63 250

b) 47 050, 47 040, 47 030, …, 46 970

c) 25 316, 25 318, 25 322, 25 328, …, 25 388

d) ?

8 Vergleiche die Zahlen. Setze ein: (<) (>) (=).

a) 72 630 ◯ 72 530
87 450 ◯ 87 450
26 905 ◯ 26 950

b) 43 749 ◯ 43 854
94 635 ◯ 96 435
23 853 ◯ 23 853

c) 51 370 ◯ 51 390
64 899 ◯ 63 899
45 248 ◯ 48 452

9 Ordne die Zahlen der Größe nach. Verwende (>) oder (<).

3 504, 3 509, 6 703, 4 260

53 417, 28 711, 46 386, 28 911

43 627, 43 527, 43 027, 43 927

3 504 < 3 509 < ...

10 Zahlenrätsel

a) Die Zahl ist die größte fünfstellige gerade Zahl.

b) Die Zahl liegt genau zwischen 80 100 und 80 200.

c) Die Zahl ist das Doppelte von 21 300.

d) Die Zahl liegt zwischen 40 000 und 50 000. Sie hat 5-mal so viele Tausender wie Hunderter, Zehner und Einer.

e) Schreibe ein Zahlenrätsel in dein 📖. Dein Partner löst es.

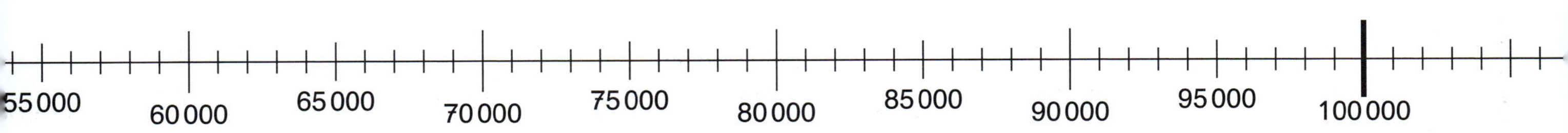

Kopfrechnen bis 100 000: addieren und subtrahieren

1 Schreibe die passende Aufgabe auf. Rechne.

a)

ZT	T	H	Z	E	
3	5	4	3	2	+ 60
8	3	2	5	0	+ 600
5	3	6	4	5	+ 20 000
6	0	7	3	1	+ 5000
1	5	0	8	4	+ 5

b)

ZT	T	H	Z	E	
9	8	2	4	5	– 50 000
5	4	3	5	6	– 5
4	3	8	6	2	– 400
2	8	5	1	0	– 10
7	9	0	8	7	– 9000

35 432 + 60 = ______

2 Bilde Additionsaufgaben. Achte auf die Stellen.

2000 40 20 000 50 000 80 1000 8000 30 90 000 700 1 5 3 900 300

20 000 + 700 = 20 700
2000 + 80 = ______

3 Bilde Additionsaufgaben. Berechne jeweils die Summe. Achte auf die Stellen.

62 134
51 405
33 240

⊕

2	50	300	6000	20 000
4	30	500	5000	30 000
3	10	400	1000	10 000

62 134 + 500 = ______

4 Bilde Subtraktionsaufgaben. Berechne jeweils die Differenz. Achte auf die Stellen.

77 486
89 568
58 977

⊖

5	20	300	2000	30 000
3	50	100	6000	20 000
6	30	400	5000	40 000

5 Additionsaufgaben mit vollen Tausendern

27 T + 14 T = ☐
27 + 14 = ☐

a) 27 000 + 14 000
36 000 + 25 000
45 000 + 37 000
18 000 + 66 000

b) 58 000 + 34 000
24 000 + 47 000
39 000 + 36 000
57 000 + 25 000

6 Subtraktionsaufgaben mit vollen Tausendern

32 T − 15 T = ☐
32 − 15 = ☐

a) 32 000 − 15 000
62 000 − 34 000
75 000 − 47 000
83 000 − 56 000

b) 44 000 − 17 000
35 000 − 18 000
54 000 − 26 000
71 000 − 35 000

7 Ergänze.

1 000	
400	☐
50	☐
80	☐
610	☐

10 000	
4 000	☐
500	☐
800	☐
6 100	☐

1 000	
☐	800
☐	270
☐	910
☐	870

10 000	
☐	8 000
☐	2 700
☐	9 100
☐	8 700

100 000	
☐	80 000
☐	27 000
☐	91 000
☐	87 000

8 Ziehe vom vollen Tausender, Zehntausender und Hunderttausender ab.

1 000 − 1
1 000 − 10
1 000 − 100

10 000 − 1
10 000 − 10
10 000 − 100
10 000 − 1 000

100 000 − 1
100 000 − 10
100 000 − 100
100 000 − 1 000
100 000 − 10 000

Fällt euch etwas auf?

9 Rechne im Kopf.

a) 6 900 + 250
3 500 + 750
4 800 + 320

b) 4 995 + 8
2 980 + 40
7 987 + 15

c) 21 920 + 100
37 850 + 320
56 710 + 530

d) 69 995 + 7
79 993 + 20
39 991 + 14

10 a) 5 400 − 630
7 260 − 300
4 100 − 250

b) 8 007 − 9
5 011 − 23
9 063 − 72

c) 83 190 − 200
72 460 − 510
37 250 − 320

d) 90 005 − 8
40 028 − 40
50 017 − 23

Kopfrechnen bis 100 000: multiplizieren und dividieren

(1) Multiplizieren und Dividieren mit 10, 100, 1 000, …

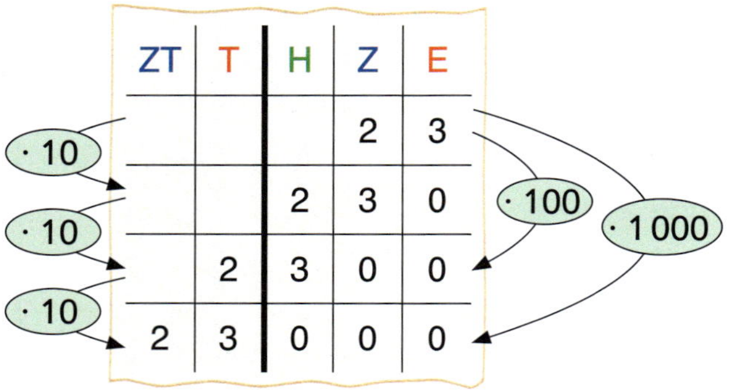

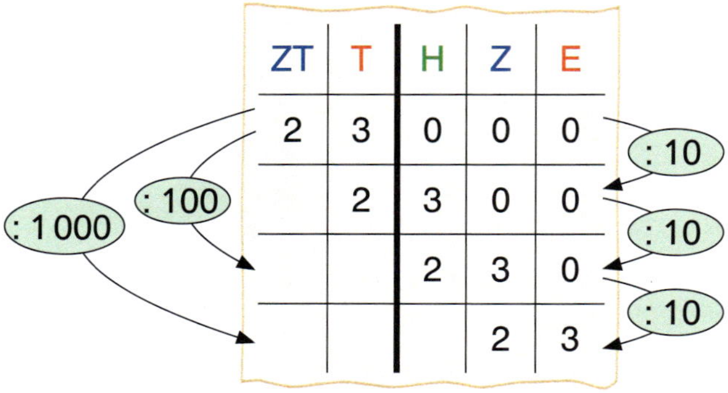

ZT	T	H	Z	E
			2	3
		2	3	0
	2	3	0	0
2	3	0	0	0

(· 10 von Zeile zu Zeile; · 100; · 1 000)

ZT	T	H	Z	E
2	3	0	0	0
	2	3	0	0
		2	3	0
			2	3

(: 10 von Zeile zu Zeile; : 100; : 1 000)

Ergänze die Sätze der Kinder und schreibe die Rechnungen auf.

(2) Rechne.

a)	b)	c)	d)
43 · 10	100 · 72	93 000 : 10	56 000 : 1 000
43 · 100	1 000 · 72	93 000 : 100	56 000 : 100
43 · 1 000	10 · 720	93 000 : 1 000	56 000 : 10
430 · 100	10 · 7 200	9 300 : 100	5 600 : 100

(3) Findet zu den kleinen Aufgaben verschiedene große Aufgaben.

54 · 10 | 36 · 10 | 99 · 10 | 73 · 10

420 : 10 | 210 : 10 | 160 : 10 | 640 : 10

54 · 10 = 540
540 · 100 = 54 000
54 · 10 000 = ☐
…

420 : 10 = 42
4 200 : 100 = 42
42 000 : 1 000 = ☐
…

(4) Zerlege.

10	100	1 000	10 000	100 000
2 · ☐	2 · ☐	2 · ☐	2 · ☐	2 · ☐
5 · ☐	4 · ☐	4 · ☐	4 · ☐	4 · ☐
10 · ☐	5 · ☐	5 · ☐	5 · ☐	5 · ☐
	10 · ☐	10 · ☐	10 · ☐	10 · ☐
		100 · ☐	100 · ☐	100 · ☐
			1 000 · ☐	1 000 · ☐
				10 000 · ☐

Schreibe die Zerlegungen in dein .

AH S. 28

5 Wie rechnen die Kinder?

Rechne auf deinem Weg.

a)	b)	c)	d)
8 · 50	7 · 400	7000 · 9	50000 · 2
4 · 6000	3 · 30000	500 · 6	3000 · 9
2 · 40000	4 · 8000	20000 · 4	800 · 7

6 Wie rechnen die Kinder?

Rechne auf deinem Weg.

a)	b)	c)	d)
60 · 70	500 · 40	30 · 2000	2000 · 60
40 · 30	300 · 70	70 · 900	800 · 80
80 · 90	700 · 50	20 · 4000	3000 · 9

7 Dividiere.

12 000 : 4 = ☐☐☐☐

☐☐☐☐ · 4 = 12 000

30 000 : 600 = ☐☐

☐☐ · 600 = 30 000

a)	b)	c)
12 : 4	30 : 6	72 : 8
120 : 40	300 : 60	720 : 80
1 200 : 400	3 000 : 6	7 200 : 800
12 000 : 40	30 000 : 600	72 000 : 8 000

8 Aufgabenfamilien

a)

6 · 8	7 · 4	9 · 5	5 · 7	?
6 · 800	70 · 400	9000 · 5	500 · 70	…
600 · 80	7 · 400	90 · 50	5 · 7000	
600 · 800	700 · 40	…	…	
…	…			

b)

18 : 6	27 : 3	35 : 5	42 : 7	?
1800 : 60	2700 : 30	35000 : 50	42000 : 7	…
18000 : 600	27000 : 3	3500 : 500	4200 : 700	
18000 : 6	270 : 30	…	…	
…	…			

doppelt so viel | dreimal so viel

1. Auf einer Weide stehen **doppelt so viele** Schafe wie Pferde. Insgesamt sind es 18 Tiere. Wie viele Schafe und wie viele Pferde sind es?

   Erkläre, wie Anna und Dimitri die Aufgabe lösen. Rechne.

18 Tiere		
□ Schafe	□ Schafe	□ Pferde

18 : □ = □

Schafe	Pferde	Tiere insgesamt
10	5	15
…	…	…

2. In der Klasse 4c sind **doppelt so viele** Jungen wie Mädchen. Insgesamt sind es 24 Kinder. Wie viele Jungen und wie viele Mädchen sind es?

3. Dimitri und Max sammeln Fußballbilder. Sie haben insgesamt 72 Bilder. Dimitri hat **dreimal so viele** Bilder wie Max.

   a) Wie viele Bilder hat jeder?
   b) Wie viele Bilder muss Dimitri Max schenken, damit jeder gleich viele hat?

mehr als … | weniger als …

4. Im Zoo gibt es insgesamt 24 Esel und Ziegen. Es sind 6 Ziegen **mehr als** Esel. Wie viele Ziegen und wie viele Esel sind es?

   Erkläre, wie Lisa und Leon die Aufgabe lösen. Rechne.

24 Esel und Ziegen		
□ Esel und Ziegen		6 Ziegen
□ Esel	□ Ziegen	□ Ziegen

Esel	Ziegen	Tiere insgesamt
10	10 + 6 = 16	26
…	…	…

5. In der Grundschule Aubach gab es 80 Siegerurkunden **mehr als** Ehrenurkunden. Zusammen waren es 120 Urkunden.

   Wie viele Ehrenurkunden und Siegerurkunden waren es jeweils?

6. Für das Schulfest bastelt die Klasse 4a Lose. Insgesamt sind es 150 Lose. Es sind 70 Nieten **weniger als** Gewinne. Wie viele Nieten und Gewinne sind es jeweils?

sich begegnen

7 Max und Ali wollen sich treffen. Sie wohnen 3600 m voneinander entfernt. Sie gehen gleichzeitig los. Jeder schafft in einer Minute 90 m.

a) Wie viele Minuten nach dem Start treffen sie sich?
b) Welche Strecke hat jeder bis zum Treffpunkt zurückgelegt?

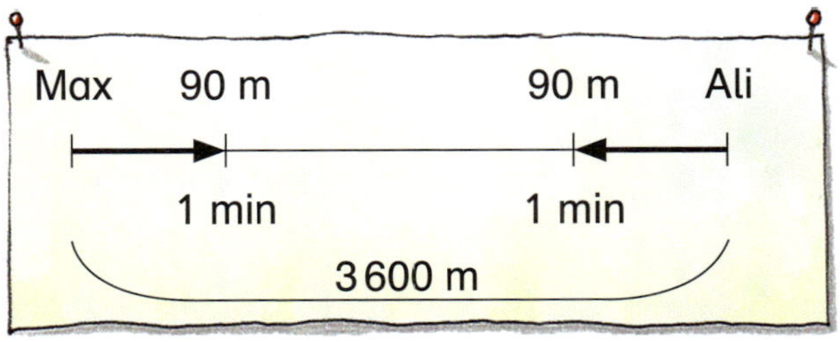

	Max	Ali	zusammen
1 min	90 m	90 m	180 m
10 min			
...			

8 Auch Paolo und Ali wollen sich treffen. Ihre Wohnungen liegen 6 km voneinander entfernt. Paolo legt in einer Minute 70 m zurück und Ali 80 m. Beide gehen gleichzeitig los.

a) Wie viele Minuten nach dem Start treffen sie sich?
b) Welche Strecke hat jeder bis zum Treffpunkt zurückgelegt?

9 Leon und Martin wohnen 35 km voneinander entfernt. Sie wollen sich treffen. Mit ihren Eltern fahren sie um 10 Uhr mit dem Fahrrad los. Die Familie von Leon schafft in einer Stunde 16 km, Martins Familie schafft in einer Stunde 12 km.

	Leon	Martin	zusammen
1 h	16 km	12 km	28 km
30 min			
15 min			

a) Wie weit sind sie nach 30 min Fahrtzeit voneinander entfernt?
b) Wann treffen sie sich?

10 Die Entfernung zwischen Astadt und Beburg beträgt 60 km. Von Astadt nach Beburg braucht ein ICE 30 min und in umgekehrter Richtung eine Regionalbahn 60 min. Beide Züge fahren zur gleichen Zeit los.

a) Welchen Weg legt jeder Zug in einer Minute zurück?
b) Wie viele Minuten nach Abfahrt begegnen sich die Züge?
c) In welcher Entfernung von Astadt treffen sie sich?

sich entfernen

11 Anna und Sophie fahren nach dem Schwimmen nach Hause. Anna fährt nach Westen, Sophie nach Osten. Anna schafft in einer Minute 150 m, Sophie 180 m.
Wie weit sind sie nach 30 Minuten voneinander entfernt?

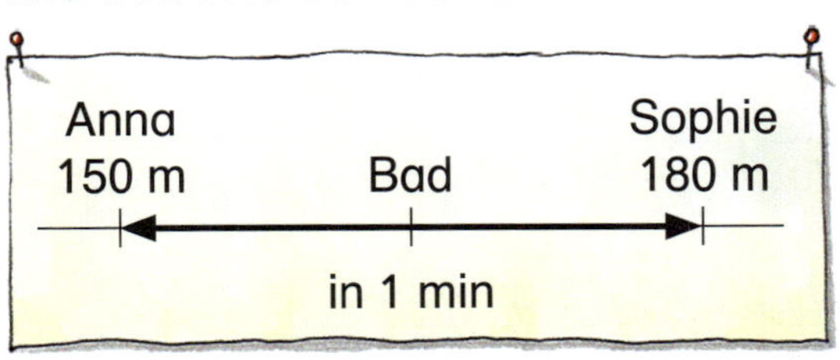

	Anna	Sophie	Entfernung
1 min	150 m	180 m	
10 min			
...			

Grundwissen ②

1 Rechne.

a)	5 · 60	6 · 40	8 · 60	b) 60 · 9	80 · 3	30 · 7
	4 · 30	7 · 70	7 · 30	40 · 5	90 · 6	20 · 9

2 Halbschriftlich multiplizieren

a) Sieh dir die Rechenwege auf S. 26 und S. 27 an.

4 · 19

Schreibe in dein , wie du rechnest.
Erkläre deinen Rechenweg.

b) Rechne auf deinem Weg.

6 · 25	4 · 76	57 · 6	26 · 9	32 · 5
7 · 54	3 · 91	75 · 8	19 · 8	12 · 6

3 Rechne.

a)	630 : 90	240 : 30	560 : 80	b) 450 : 90	420 : 70	540 : 90
	630 : 9	240 : 3	560 : 8	450 : 9	420 : 7	540 : 9

4 Halbschriftlich dividieren

a) Sieh dir die Rechenwege auf S. 28 und S. 29 an.

252 : 4

Schreibe in dein . Wie rechnest du?
Erkläre deinen Rechenweg.

b) Rechne auf deinem Weg.

552 : 6	776 : 8	375 : 5	702 : 9	231 : 7
396 : 6	472 : 8	465 : 5	423 : 9	406 : 7

5 Zähle in Schritten. Schreibe auf:

a) Tausenderzahlen zwischen 37000 und 44000 | 18000 und 25000

b) Hunderterzahlen zwischen 50000 und 51000 | 69400 und 70700

c) Zehnerzahlen zwischen 42570 und 42620 | 89960 und 90050

6 Lies die Zahlen und schreibe die Rechnung auf.

6 4 3 6 1 → 60 000 + 4 000 + 300 + 60 + 1 = 64 361

a) 7 5 6 7 3 | 2 7 4 6 2 | 1 2 0 4 8 | 9 0 9 0 9

b) 5 0 7 4 2 | 3 5 6 0 4 | 6 7 0 4 0 | 5 7 0 4

7 Eine Zahl – drei Schreibweisen

	ZT	T	H	Z	E	
47 348	4	7	3	4	8	4 ZT, 7 T, 3 H, 4 Z, 8 E
60 410						
	5	4	0	2	6	
						3 ZT, 5 T, 2 H, 2 E

Schreibe in dein Heft. Denke dir weitere Aufgaben aus.

8 Ergänze.

70 T + ☐ T = 100 T

a) 70 000 + ☐ = 100 000
26 000 + ☐ = 100 000
82 000 + ☐ = 100 000

b) ☐ + 80 000 = 100 000
☐ + 59 000 = 100 000
☐ + 42 000 = 100 000

70 000 + ☐ = 100 000

9 Ergänze.

1 000	
300	☐
60	☐
360	☐

10 000	
3 000	☐
600	☐
3 600	☐

1 000	
☐	400
☐	240
☐	890

100 000	
☐	40 000
☐	24 000
☐	89 000

10 Dividiere. Überprüfe mit der Umkehraufgabe.

27 : 3 = ☐
☐ · 3 = 27

a) 27 : 3
270 : 30
2 700 : 300
27 000 : 30

b) 45 : 5
450 : 50
4 500 : 50
45 000 : 500

c) 54 : 6
540 : 6
5 400 : 6
54 000 : 6

Geo-Burgen

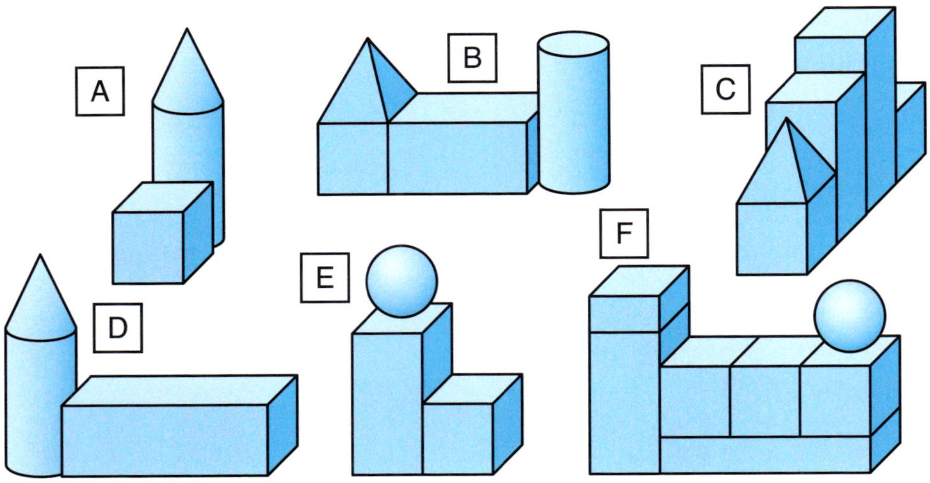

1) Wer hat welche Geo-Burg gebaut?

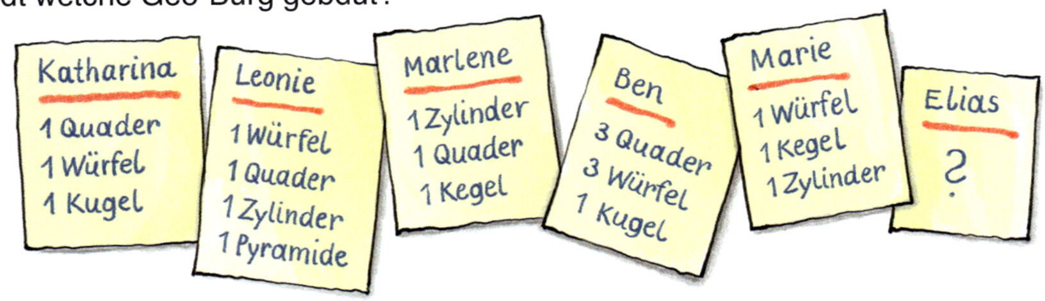

2) a) Welche Geo-Burg gefällt dir am besten? Warum?

b) Welche Geo-Burg würdest du verändern? Wie?

c) Baue mit deinem Partner eine eigene Geo-Burg.
Versucht, möglichst verschiedene Körper zu verwenden. Vergleicht in der Klasse.

3) So zeichnet man Ansichten von Burgen.

Zeichne in dein Heft:

- die Burgen A und D von links,
- die Burgen C und F von rechts,
- die Burgen E und C von vorne und von hinten,
- die Burgen B und F von unten.

So zeichnest du Würfel …

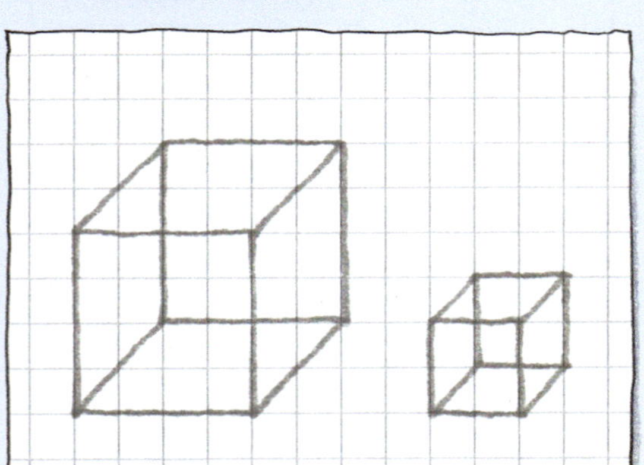

④ Verschiedene Ansichten: Welche Geo-Burg aus Aufgabe ① ist es?
Siehst du sie von vorne, von hinten, von rechts oder von links? Schreibe auf.

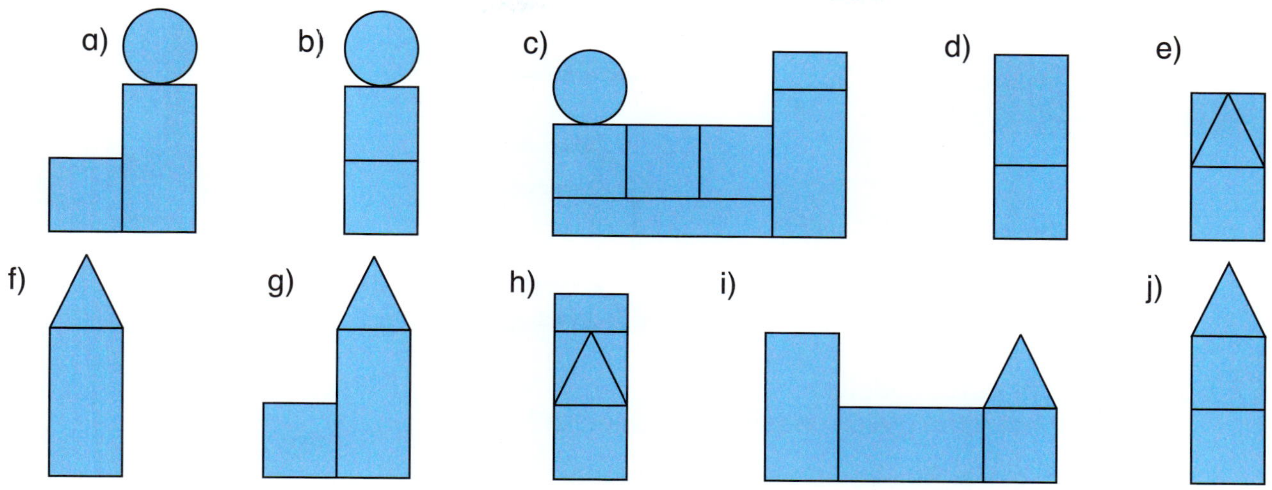

a) Burg ▢ von hinten   b) Burg ▢ von …   c) …

⑤ Erkennst du die Geo-Burgen auch von oben? Schreibe auf.

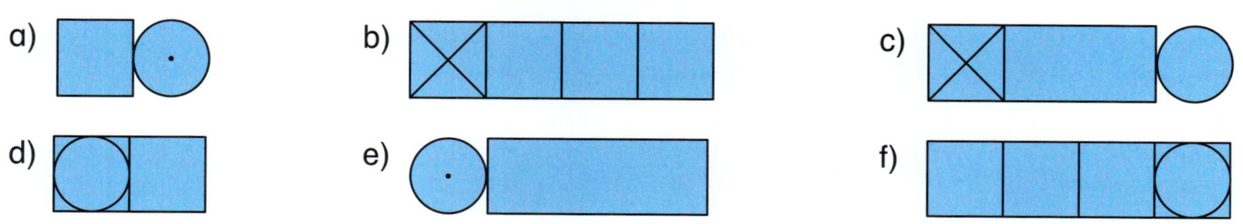

⑥ Baue selbst eine Geo-Burg und zeichne sie von verschiedenen Seiten.

⑦ Verwendet diese Körper.

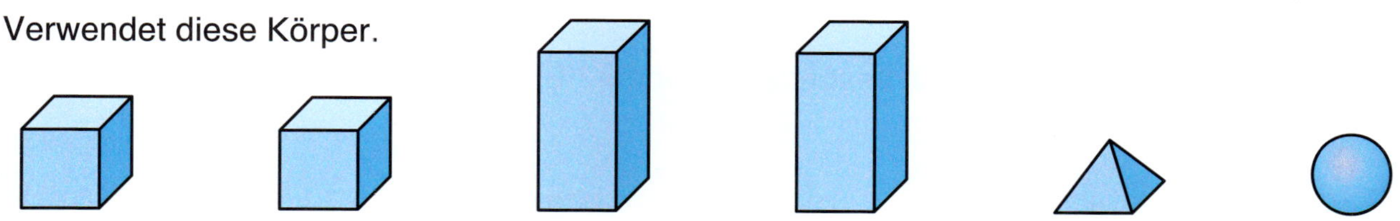

Baut damit eine Geo-Burg. Zeichnet verschiedene Ansichten.
Klebt alles auf eine Karte. Tauscht die Karten untereinander aus.
Baut die Burgen der anderen Kinder nach.

… und Quader. Zeichne in dein 📖.

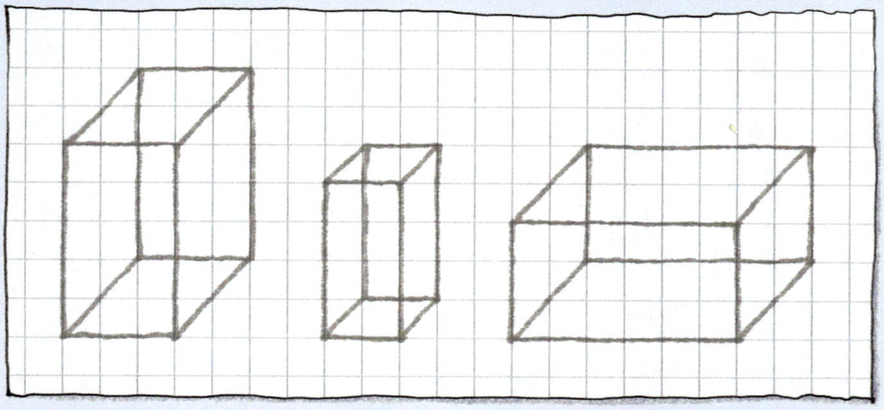

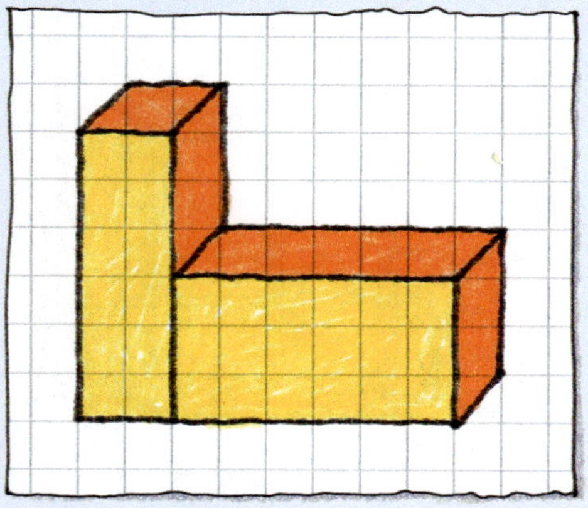

① Baut verschiedene Quader.

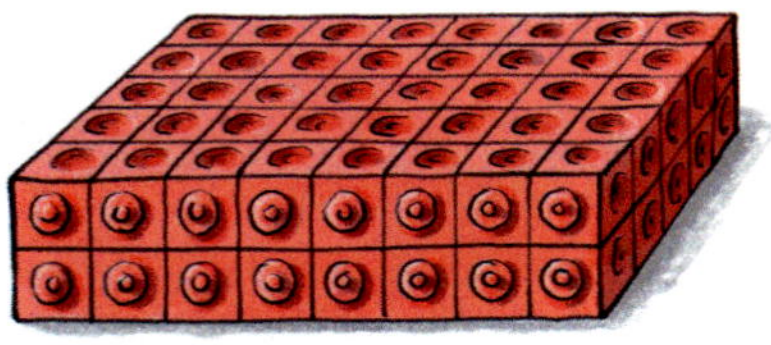

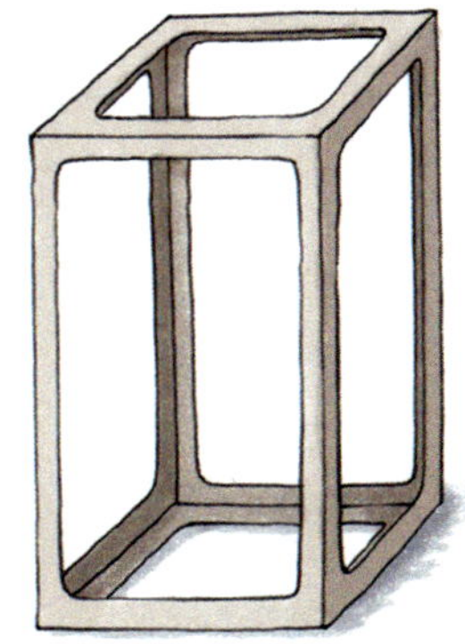

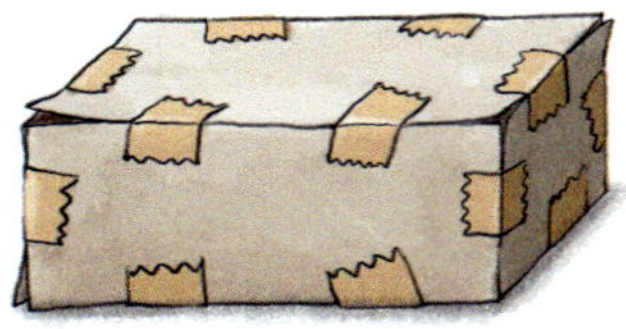

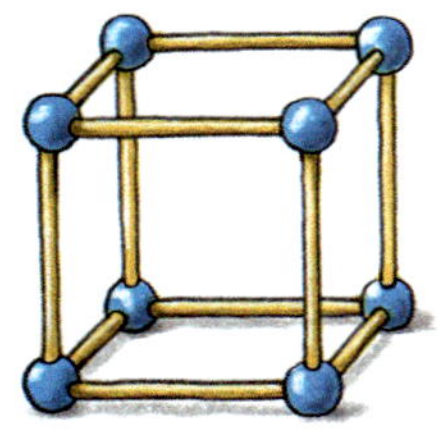

Steckbrief

Ecken: ?

Kanten: ?

Flächen: ?

Flächenform: ?

rechte Winkel: ?

② a) Vergleicht eure Modelle.
Was ist bei allen gleich, was ist verschieden?

b) Schreibt einen Steckbrief zu eurem Quader.

③ Quaderkonferenz

a) Beantworte oder ergänze.

Wie viele Trinkhalme benötigen wir für einen Quader? Wie viele Trinkhalme müssen jeweils gleich lang sein?

Bei meinem Quader sind 2 Flächen quadratisch, 4 sind rechteckig. Wie viele Ecken hat er?

Mein Quader hat 12 gleich lange Kanten. Er ist ein besonderer Quader, er ist ein …

Ich benötige 8 Kugeln, 4 lange Stäbe und … kurze Stäbe.

Wie viele Kugeln benötigen wir als Ecken?

Mein Quader hat … rechte Winkel.

b) Warum ist der Würfel ein besonderer Quader? Erkläre.

④ Kantenwandern

a) Die Ameise beginnt bei Ecke 1 vorne/unten/links und wandert zur Ecke hinten/oben/rechts.

- Welche Nummer hat diese Ecke?
- Beschreibe mehrere Wege.

1 ⟶ 5 ⟶ …

b) Die Ameise beginnt bei Ecke 3 und wandert nach vorne, dann nach oben, nochmal nach oben und dann nach links.

- Welche Nummer hat diese Ecke?

c) Jetzt geht die Ameise diesen Weg: von 7 nach oben, vorne, unten, links und nochmal nach unten.

- Wo kommt sie an?
- Gibt es kürzere Wege?

d) Erfinde selbst „Wanderaufgaben“ für deinen Partner.

⑤ a) Welche Form haben jeweils die Schnittflächen, wenn der Quader so durchgeschnitten wird?

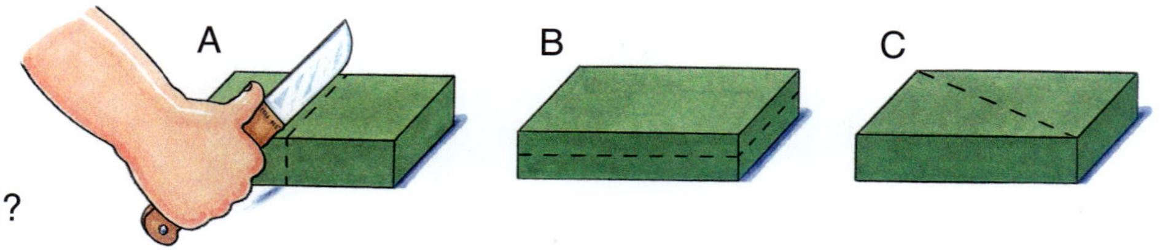

b) Wie muss man den Quader durchschneiden, damit als Schnittfläche ein Dreieck entsteht?

⑥ Geometrie im Kopf: Immer 2 Teile ergeben einen Quader.

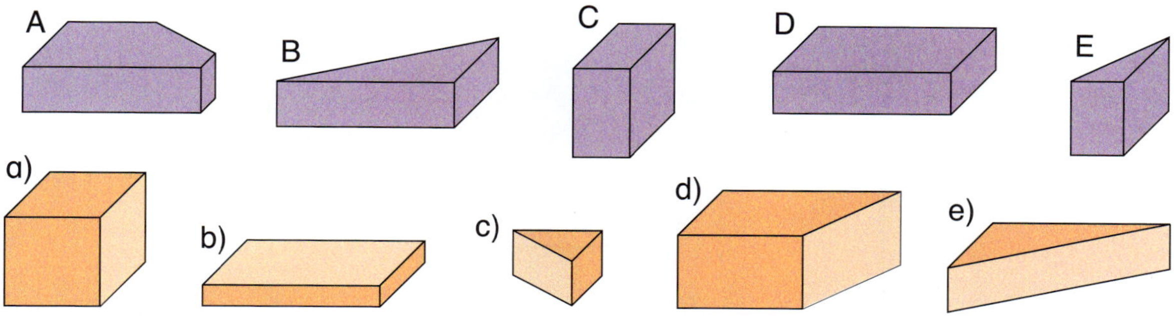

⑦ Nehmt immer 4 Streichholzschachteln und baut sie zu verschiedenen Quadern zusammen.

⑧ Kippe die Streichholzschachtel nach Vorschrift.
Welche Seite liegt zum Schluss jeweils oben?

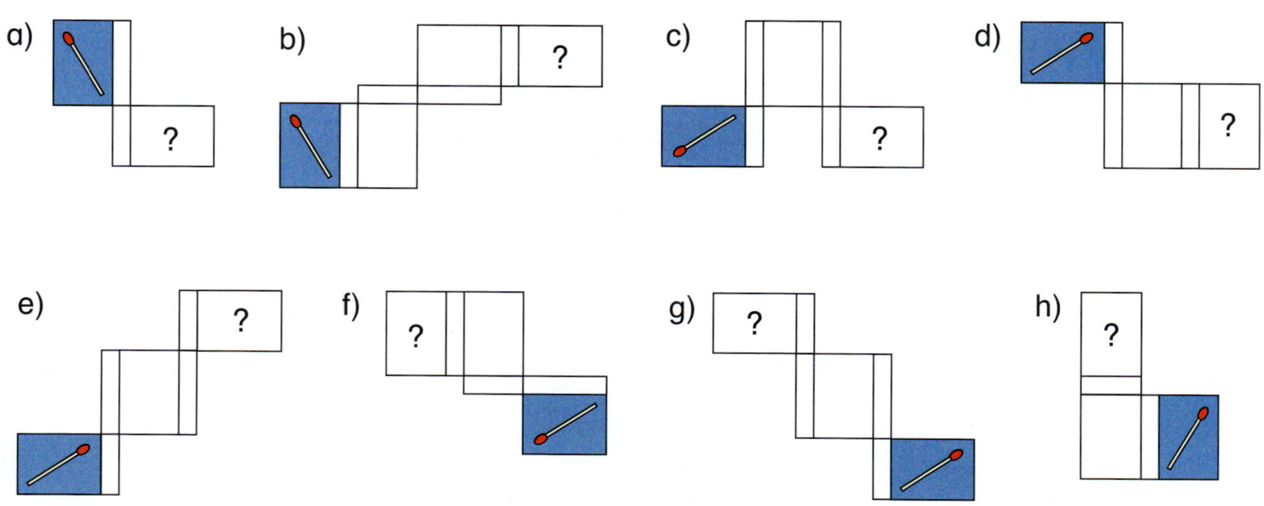

Denke dir selbst Kippvorlagen aus. Zeichne sie auf.

① Aus diesen Flächen soll ein Quader entstehen.

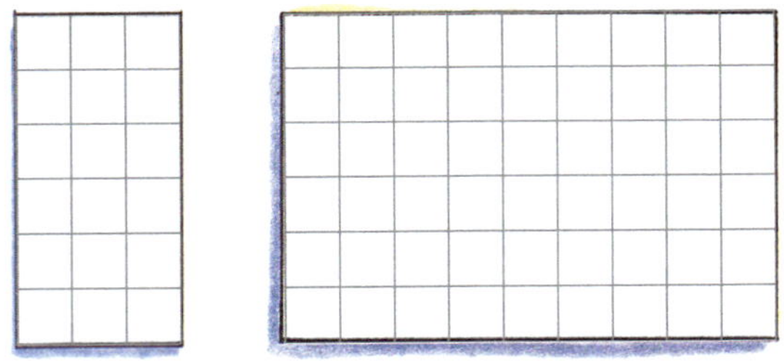

a) Zeichne diese beiden Flächen auf Karopapier und schneide sie aus.

b) Welche Flächen fehlen noch? Ergänze.

c) Klebe die Flächen zu einem Netz zusammen. Falte so, dass ein Quader entsteht.

② Vergleicht und sortiert eure Quadernetze.
Sind Netze gleich?

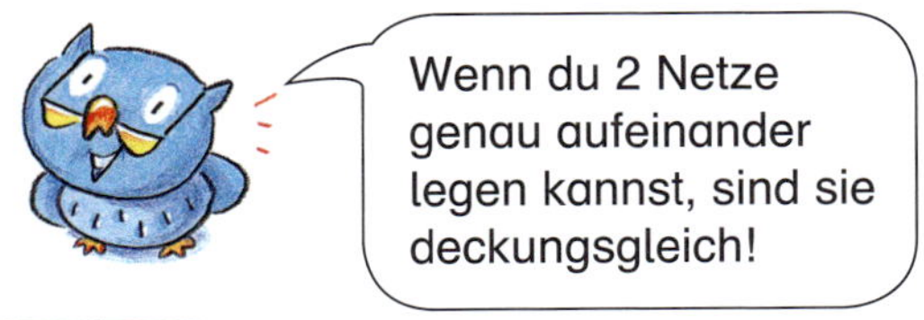

Wie viele verschiedene Quadernetze habt ihr gefunden? Vergleicht in der Klasse.
Gibt es noch mehr? Überlegt.

③ Erfinde selbst Quadernetze und schneide sie aus.
Klebe eine Fläche im Heft fest, sodass du das Netz immer wieder falten kannst.

④ Bauanleitung für eine Zauberkiste

Zeichne das Quadernetz auf einen farbigen Karton und schneide es aus. Denke an die Klebelaschen.

Falte aus zwei langen Streifen Tonpapier eine Hexentreppe. Klebe sie am Boden deiner Zauberkiste fest.

(5) Alles Quadernetze?
Welche Netze sind vollständige Quadernetze, welche nicht? Begründe.

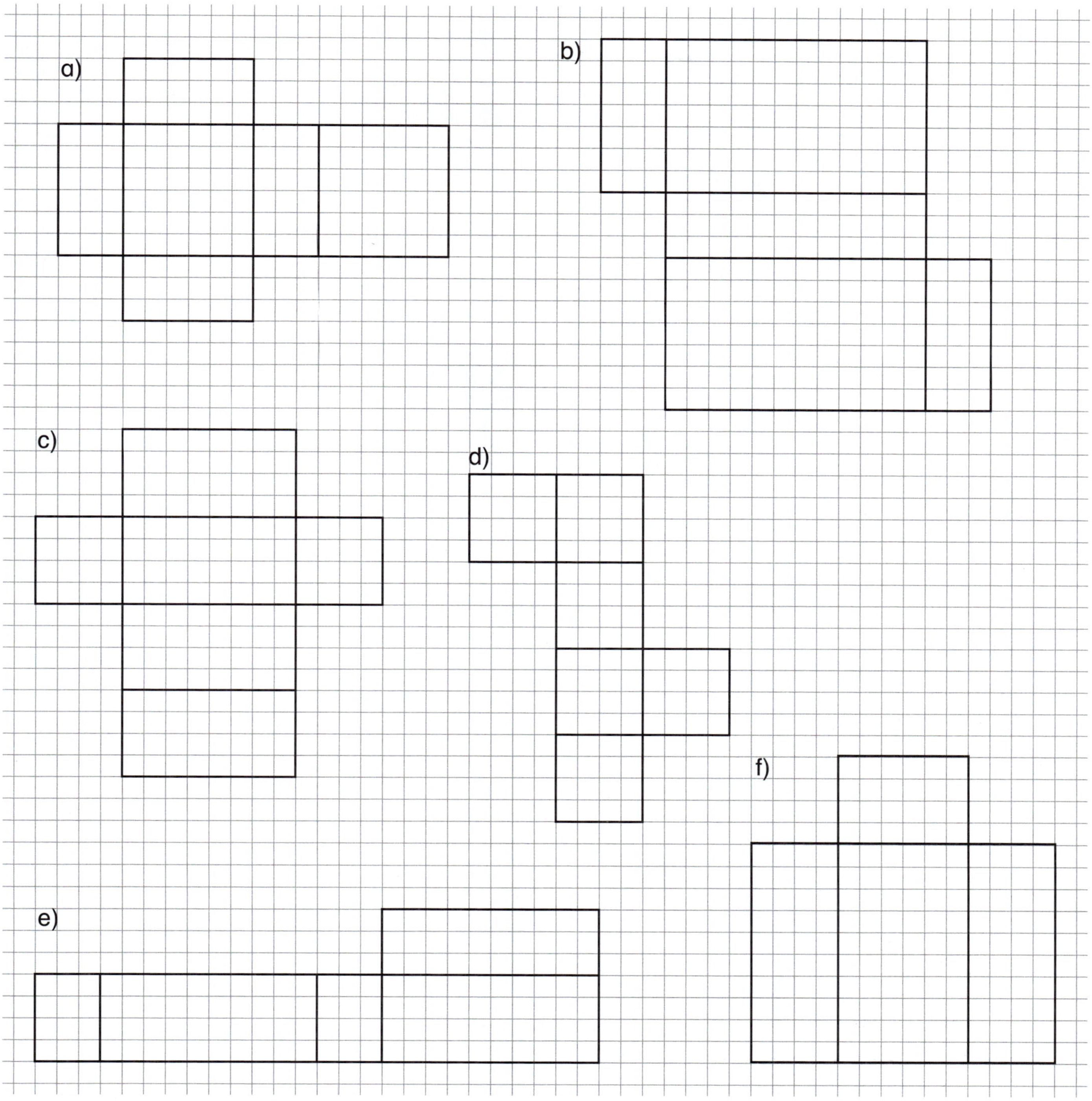

(6) a) Zeichne die Quadernetze von Aufgabe (5) auf kariertes Papier.
Zeichne auch die unvollständigen Netze und ergänze sie.
Vergleiche mit deinem Partner.

b) Färbe gegenüberliegende Flächen mit gleicher Farbe. Was fällt dir auf?

c) Schneide die Netze aus und falte sie zu Quadern. Was stellst du fest?

d) Färbe die Kanten, die zusammenstoßen, mit gleicher Farbe.

Eins	Zehn	Hundert	Tausend

1 Kind	10 Kinder	2 Reisebusse 100 Personen	große Schule mit 1 000 Schulkindern

(1) Erzähle zu den Bildern. Kennst du noch mehr Beispiele zu 1, 10, 100, 1 000, 10 000, 100 000 und 1 000 000? Schreibe in dein [Heft].

(2) Zahlen bis zur Million

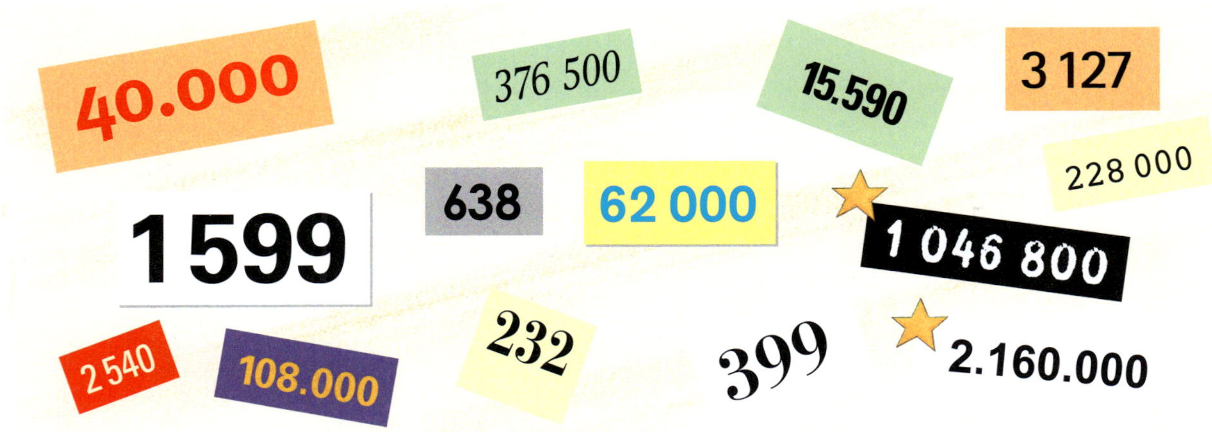

a) Welche Zahlen kannst du lesen? Wo kommen diese Zahlen vor?

b) Sammelt große Zahlen aus Prospekten oder Zeitschriften.

(3) Zeichne eine Tabelle in dein Heft. Trage die Zahlen von Aufgabe (2) ein.

Schaffst du auch die Sternchenzahlen?

Millionen

M	HT	ZT	T	H	Z	E
	3	7	6	5	0	0

AH S. 36

Zehntausend

Im Eisstadion
10 000 Menschen

Hunderttausend

Im Fußballstadion
100 000 Menschen

eine Million

In München
1 000 000 Menschen

kleine Wohnung

④ Große Zahlen lesen

Weißt du noch?

Immer 3 Stellen gehören zusammen, immer H, Z und E:

a) HT ZT T H Z E

937 412

Lies: 937 -tausend 412

Um große Zahlen gut lesen zu können,
lassen wir nach 3 Ziffern eine Lücke.

b) M HT ZT T H Z E

1 937 412

1 Million 937 -tausend 412

Vor den
Hunderttausendern
steht die Million.

⑤ Interessante Zahlen: Lies die Zahlen vor. Dein Partner schreibt sie auf.

333 333 | 312 312 | 102 030 | 324 423 | 777 777

620 620 | 462 462 | 212 121 | 717 171

4 321 234 | 2 202 202 | 1 234 567 | ?

1 Lege mit diesen Karten große Zahlen. Schreibe sie auf. Lies die Zahlen.

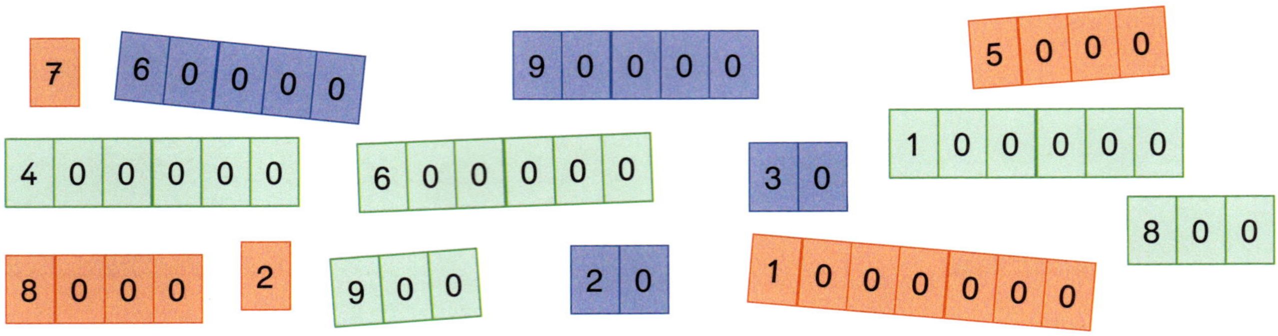

2 678 926   409 321   972 132   845 285

a) Lege die Zahlen mit deinem Kartensatz nach. Schreibe auf:

678926 = 600000 + 70000 + …

b) Schreibe eine Zahl auf. Dein Partner legt sie mit den Karten. Wechselt euch ab.

3 Zahlen mit Nullen

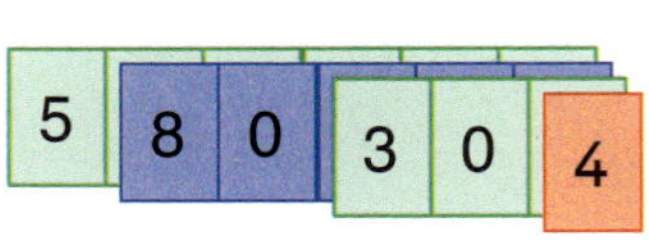

Lege die Zahl nach und lies sie. Schreibe auf:

580304 = 500000 + 80000 + 300 + 4

a)	b)	c)	d)
104 222	400 052	602 301	1 304 470
200 610	230 920	600 201	1 500 034
602 400	704 006	5 012	1 000 123

④ Eine Zahl – drei Schreibweisen

		M	HT	ZT	T	H	Z	E	
a)	358 714								3 HT, 5 ZT, 8 T, 7 H, 1 Z, 4 E
	507 730								
	78 142								
b)									4 HT, 2 T, 7 H, 9 Z, 4 E
									8 HT, 5 T, 9 Z, 3 E
									7 HT, 7 ZT, 8 T, 3 Z
c)		2	3	8	9	0	9	4	
		1	0	2	0	9	5	4	
		5	0	0	5	4	1	0	

⑤

M	HT	ZT	T	H	Z	E

a) Nimm 3 Plättchen. Lege verschiedene Zahlen. Schreibe sie auf.
b) Vergleiche mit deinem Partner. Ordnet eure Zahlen. Erklärt.
c) Findest du alle 7-stelligen Zahlen, die du mit 3 Plättchen legen kannst? Wie bist du vorgegangen? Erkläre.

⑥ Lies das Zahlwort laut. Dein Partner legt mit Zahlenkarten. Schreibe die Zahlen auf.

vierhundertachtundneunzigtausenddreihundertzweiunddreißig

siebzehntausendsechshundertdreiundachtzig

fünfhundertsechzehntausendachthundert

sechstausenddreihundertneunundneunzig

zweiundachtzigtausendneunhundertzwölf

zwei Millionen siebenhundertviertausendsechshundertdreiundzwanzig

eine Million dreihundertelftausendsiebenhundertneunundvierzig

Zahlenseil und Zahlenstrahl bis zur Million

(1) Welche Zahlenkarten fehlen am Zahlenseil an den Knoten? Schreibe auf.

(2) Wo findest du diese Zahlen am Zahlenseil oder unten am Zahlenstrahl? Erkläre.

450 000 | 210 000 | 190 000 | 50 000 | 810 000 | 950 000

(3) Schreibe die Zahlen auf, die zu den Strichen am Zahlenstrahl gehören:

a) zwischen 200 000 und 300 000

b) zwischen 620 000 und 720 000

Schreibe so:

a) 210 000, 220 000, ...

(4) a) Nachbar-Hunderttausender:
Zwischen welchen Hunderttausendern liegen diese Zahlen? Zeige möglichst genau am Seil.

810 000	499 000	600 003
680 000	349 000	999 998
250 000	731 000	100 005

Welcher Hunderttausender liegt näher?
Schreibe auf.

800 000, 810 000, 900 000

b) Nachbar-Zehntausender:
Zwischen welchen Zehntausendern liegen diese Zahlen?
Welcher Zehntausender liegt näher?

724 000	683 000
517 000	957 000
884 627	254 972

720 000, 724 000, 730 000

c) Nachbarzahlen:
Wie heißen die Zahlen, die direkt neben den Knoten liegen? Schreibe auf.

Vorgänger | Nachfolger

99 999, 100 000, 100 001

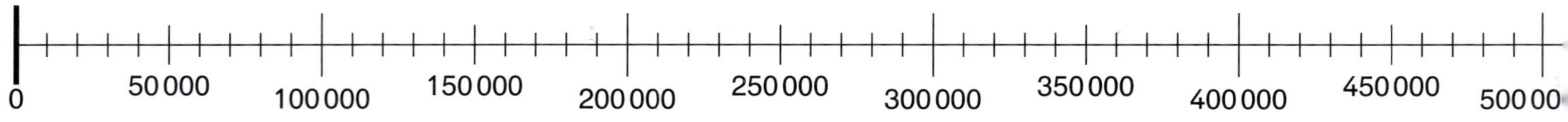

AH S. 38/39

5 Zähle in Tausenderschritten:

a) vorwärts von 207 000 bis 212 000 | 384 000 bis 391 000 | 638 000 bis 641 000

a) 207 000, 208 000, ...

b) rückwärts von 543 000 bis 538 000 | 476 000 bis 469 000 | 912 000 bis 907 000

6 Zahlenfolgen: Beschreibe das Muster.

a) 399 992, 399 994, 399 996, ..., 400 006

b) 899 015, 899 010, 899 005, ..., 898 980

c) 799 986, 799 991, 799 996, ..., 800 021

d) ?

7 Vergleiche die Zahlen. Setze ein: < > =.

a) 890 406 ○ 984 864
973 024 ○ 451 006
45 719 ○ 45 719

b) 445 812 ○ 598 287
73 598 ○ 74 612
900 243 ○ 973 649

c) 471 945 ○ 793 856
735 825 ○ 735 825
374 028 ○ 347 082

8 Ordne die Zahlen der Größe nach. Verwende > oder <.

a) 3 611, 6 301, 13 061, 361, 1 306, 63 011

b) 445 225, 444 225, 444 255, 425 000, 444 250, 442 500

c) 114 730, 147 300, 11 734, 111 473, 111 743, 144 730

361 < 1 306 < ...

9 Zahlenrätsel

Meine Zahl ist 6-stellig und ungerade. Sie ist kleiner als 200 000 und hat lauter gleiche Ziffern.

Meine Zahl liegt genau in der Mitte zwischen 630 000 und 660 000.

Meine Zahl ist 6-stellig und größer als 850 000. Sie hat lauter gleiche Ziffern.

?

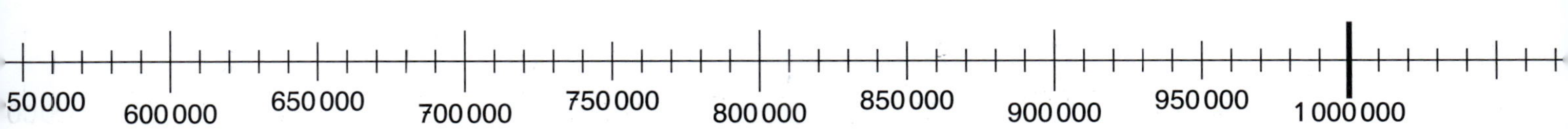

Kopfrechnen bis 1 000 000: addieren und subtrahieren

1 Schreibe die passende Aufgabe auf. Rechne.

a)

HT	ZT	T	H	Z	E	
5	3	5	2	5	4	+ 20 000
7	2	4	1	3	4	+ 100 000
6	5	9	8	2	0	+ 40
4	6	6	7	0	5	+ 200
1	5	0	3	6	5	+ 5 000

b)

HT	ZT	T	H	Z	E	
8	2	9	6	4	7	– 400 000
4	7	5	1	8	0	– 5
5	8	9	6	0	7	– 6 000
7	4	2	8	0	4	– 500
3	7	4	0	8	0	– 80

535 254 + 20 000 = ______

2 Bilde Additionsaufgaben. Achte auf die Stellen.

300 000   700 000   4 000   70   90 000   50 000   1 000   80   500   300   5   9

300 000 + 4 000 = 304 000
300 000 + 500 = ______

3 Bilde Additionsaufgaben. Berechne jeweils die Summe. Achte auf die Stellen.

216 234
132 413

⊕

5   60   500   3 000   50 000   700 000
1   30   400   2 000   60 000   400 000

216 234 + 5 = ______

4 Bilde Subtraktionsaufgaben. Berechne jeweils die Differenz. Achte auf die Stellen.

578 695
967 588

⊖

4   20   300   4 000   50 000   400 000
5   60   500   6 000   60 000   300 000

578 695 – 60 = ______

5 Additionsaufgaben mit vollen Zehntausendern

47 ZT + 15 ZT = □
47 + 15 = □

a) 470 000 + 150 000
480 000 + 350 000
670 000 + 160 000
180 000 + 660 000

b) 580 000 + 340 000
240 000 + 470 000
390 000 + 360 000
570 000 + 250 000

6 Subtraktionsaufgaben mit vollen Zehntausendern

51 ZT – 25 ZT = □
51 – 25 = □

a) 510 000 – 250 000
830 000 – 670 000
430 000 – 140 000
640 000 – 270 000

b) 840 000 – 270 000
350 000 – 180 000
540 000 – 260 000
710 000 – 350 000

7 Ergänze.

100 000	
40 000	□
38 000	□
91 000	□

1 000 000	
400 000	□
380 000	□
910 000	□

100 000	
□	80 000
□	63 000
□	41 000

1 000 000	
□	800 000
□	630 000
□	410 000

8 Schriftlich oder im Kopf? Entscheide selbst und rechne.

Netze mit Mal- und Geteiltaufgaben

① Übertrage das Netz in dein Heft. Finde weitere Aufgaben.

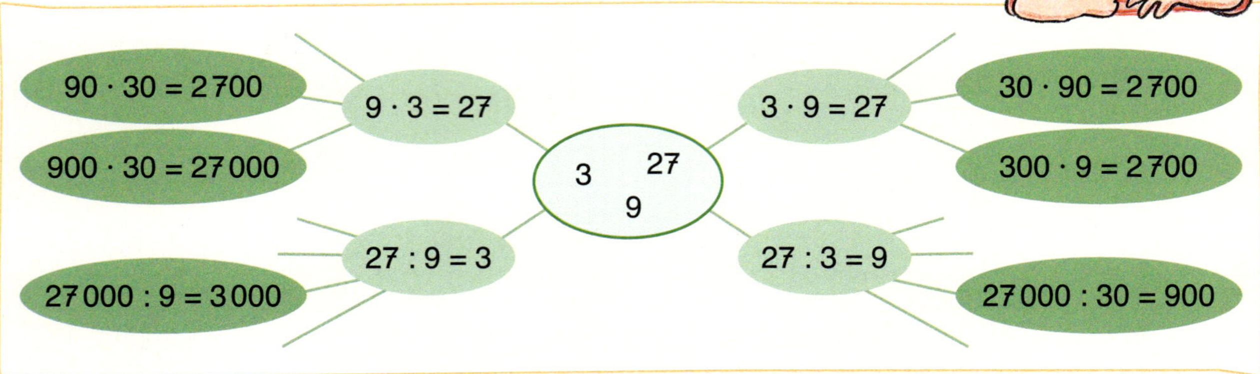

② Erstelle Netze.

- 32, 8, 4
- 5, 45, 9
- 6, 36, 6
- 12, 3, ?
- ?

Die kleine Aufgabe hilft.

③ Immer zwei Aufgaben passen gut zusammen.
Rechne und schreibe die Aufgabenpaare auf.

8 · 5 = 40
800 · 5 = 4000

a)

8 · 5	7 · 7	6 · 9	3 · 2	2 · 8
60 · 90	800 · 5	3000 · 20	2 · 800	70 · 700

b)

24 : 4	63 : 7	81 : 9	27 : 3	32 : 8
8100 : 9	24000 : 4	6300 : 7	320000 : 8	2700 : 3

④ Finde Multiplikationsaufgaben zu den Ergebniszahlen.

a) **240000**
80 · 3000
30000 · 8
?
800 · 300
6000 · 40

b) 120000
c) 180000
d) 270000
e) 1000000

⑤ Finde Divisionsaufgaben zu den Ergebniszahlen.

a) **400**
28000 : 70
2400 : 6
200000 : 500
?

b) 700
c) 9000
d) 60
e) 2000

Von leichten zu schwierigen Aufgaben

6 Im Kopf oder halbschriftlich?

a) 6000 · 4 6100 · 4 6120 · 4 6125 · 4	b) 30 · 5000 30 · 5200 30 · 5230 30 · 5232	c) 60000 · 5 62000 · 5 62100 · 5 62120 · 5 62126 · 5
d) 18000 : 6 18600 : 6 18660 : 6 18672 : 6	e) 320000 : 4 328000 : 4 328120 : 4 328128 : 4	f) 20000 : 40 28000 : 40 28800 : 40 28880 : 40

· 10, · 100, · 1000, … ist einfach

7

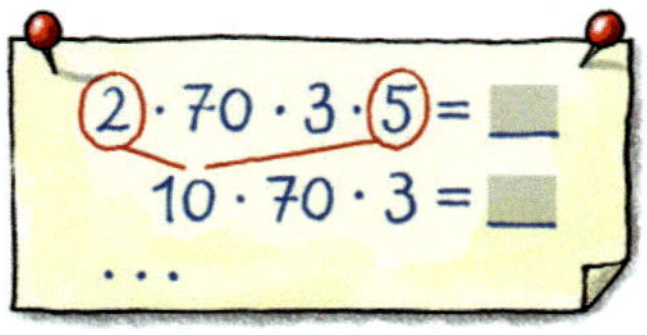

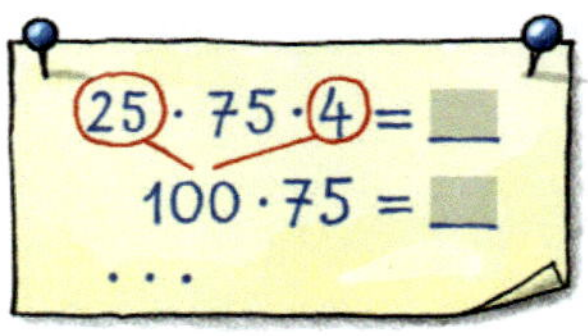

Fasse geschickt zusammen.

5 · 6 · 2 · 9	250 · 31 · 4	50 · 26 · 2	87 · 2 · 2 · 250
500 · 70 · 2	4 · 8 · 25000	2500 · 21 · 4	14 · 4 · 250

Forscheraufgaben: Was passiert, wenn …?

8 Rechne und ergänze die Sätze.

a) 1 · 7000 2 · 7000 4 · 7000 8 · 7000	4000 · 3 8000 · 3 …	2 · 100000 2 · 200000 …	Wenn eine Zahl bei einer Multiplikationsaufgabe verdoppelt wird, dann …
b) 5 · 8000 5 · 4000 5 · 2000	12000 · 3 6000 · 3 …	40000 · 8 40000 · 4 …	Wenn eine Zahl von Aufgabe zu Aufgabe halbiert wird, dann …
c) 48000 : 1 48000 : 2 48000 : 4 48000 : 8	240000 : 3 240000 : 6 …	888000 : 1 888000 : 2 …	Wenn der Teiler bei einer Divisionsaufgabe verdoppelt wird, dann …
d) 6000 : 3 12000 : 3 24000 : 3	60 : 4 120 : 4 …	50000 : 2 100000 : 2 …	Wenn die Ausgangszahl bei einer Divisionsaufgabe verdoppelt wird, dann …

Flüssigkeiten schätzen und messen – Milliliter und Liter

① Bringt Gefäße von zu Hause mit.

a) In welches Gefäß passt am meisten oder am wenigsten Wasser? Schätzt und ordnet.

b) Überprüft eure Schätzung: Füllt um.

Erklärt:
das Gefäß
die Flüssigkeit
die Flüssigkeitsmenge
der Messbecher
umfüllen, messen
… passt ___ mal hinein

② Wie viel Flüssigkeit passt in die größeren Gefäße?

Messt mit kleinen Gefäßen, schreibt auf und vergleicht.

	Kochtopf (klein)	Blumenvase	Milchflasche	…
kleines Glas	30	12	10	…
großes Glas	…	…	…	…
Schöpfkelle	…	…	…	…
…	…	…	…	…

③ Vergleicht verschiedene Messbecher und überlegt:

- Was bedeuten die Striche und Zahlen?
- Wann braucht ihr zu Hause einen Messbecher?
- Wie viel Flüssigkeit passt in eure mitgebrachten Gefäße? Messt und schreibt auf.
- Begründet.

1 Liter (l) = 1 000 Milliliter (ml)

Erinnerst du dich:
„mille“ bedeutet …

1 l = 250 ml +

④ Fülle eine Literflasche:
- Wie viele Babyflaschen passen hinein?
- Wie viele kleine Tetrapacks passen hinein?
- Wie viele Sahnebecher passen hinein?
- Wie viele … ?

Schreibe auf.

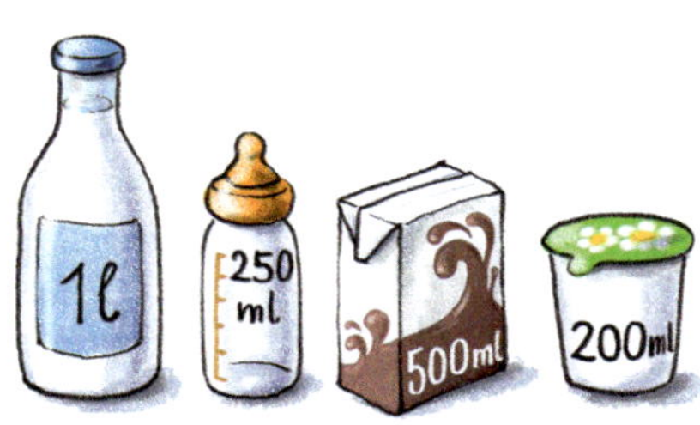

⑤ Forscht nach Flüssigkeitsmengen im Haushalt. Gestaltet ein Plakat.

AH S. 42

6 Sammelt Gefäße für kleine Flüssigkeitsmengen.

a) Wo kommen kleine Flüssigkeitsmengen im Alltag vor?
b) Wie viel Flüssigkeit passt in die Gefäße? Wie könnt ihr das herausfinden?
c) Kann das stimmen? Überprüfe.
- In einen Teelöffel passen 10 ml.
- In einen Teelöffel passen 15 ml.

7 Spannende Experimente

a) **Wie viele 10-ml-Spritzen kannst du aufziehen?**

Fülle einen Becher mit Wasser. Schätze und probiere aus. Wie viele ml Wasser waren im Becher?

b) **Wie viele Esslöffel Wasser passen in einen Joghurtbecher?**

Schätze und probiere aus. Vergleiche mit einem Teelöffel.

c) **Wie viel Wasser kann ein Waschlappen aufsaugen?**

Schätze und probiere aus. Lege den Lappen in einen vollen Messbecher und nimm ihn wieder heraus. Vergleiche mit einem Schwamm, einem Küchentuch, …

8 Kleine Mengen – schwierige Aufgaben?

a) In einem Fläschchen Medizin befindet sich eine Pipette, mit der man halbe und ganze Milliliter abmessen kann.

Johannes nimmt an 30 Tagen jeweils einen halben Milliliter morgens und einen halben Milliliter abends ein.
Dann ist die Flasche leer.
Wie viel Flüssigkeit war in dem vollen Fläschchen?

b) In einer Tintenpatrone ist ca. 1 ml Tinte.

6 Patronen kosten ungefähr 1,95 €.
In einem Tintenfass zum Nachfüllen sind etwa 30 ml Tinte.
Es kostet etwa 3,95 €.
Vergleiche.

c) Eine Flasche Hustensaft enthält 100 ml.
Du musst davon morgens und abends einen Messlöffel (5 ml) nehmen.
Wie viele Tage reicht der Hustensaft?

Rechnen mit Millilitern und Litern

Fruchtzauber
Rezept für 8 Personen
$\frac{3}{4}$ l Orangensaft
$\frac{1}{2}$ l Apfelsaft
$\frac{1}{4}$ l Kirschsaft
1 l Mineralwasser
1 Dose Mandarinen

ein viertel Liter
$\frac{1}{4}$ l = ☐ ml

ein halber Liter
$\frac{1}{2}$ l = ☐ ml

ein ganzer Liter
1 l = ☐ ml

ein drei viertel Liter
$\frac{3}{4}$ l = ☐ ml

1. Ganze, halbe, viertel und drei viertel Liter
   a) Ordne die Kärtchen den Messbechern zu.
   b) Wie viele ml sind 1 l, $\frac{1}{2}$ l, $\frac{1}{4}$ l und $\frac{3}{4}$ l? Schreibe auf.
   c) Vergleiche die Saftmengen im Rezept.
   Verwende die Wortkarten.

1 l	1 000 ml
$\frac{1}{2}$ l	…

doppelt so viel | halb so viel | passt 3-mal in … | passt 4-mal in … | ?

2. Suche Gefäße, die genau diese Mengen fassen:
   Wie kannst du mit diesen Gefäßen genau 1 Liter füllen?

Schreibe so:

a) $1\ l = \frac{1}{2}\ l + …$
$1\ l = \frac{1}{4}\ l + … + …$
…

b) $1\frac{1}{2}\ l = …$

3. Suche Gefäße zu 250 ml, 500 ml, 750 ml, 1 l, 10 l.
   Gestalte Seiten in deinem 📖.

250 ml =	500 ml =	750 ml =	1 000 ml =	10 l
$\frac{1}{4}$ l	$\frac{1}{2}$ l	$\frac{3}{4}$ l	1 l	

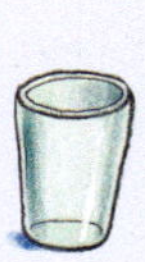

④ Schätze und begründe: Wie viele Liter passen in eine Badewanne (in einen Kochtopf, in eine Gießkanne …)?

Ich denke an den 10 l-Eimer

Ich vergleiche mit …

⑤ Können diese Aussagen stimmen?

- In einen 10 l-Eimer passt der Inhalt von 14 Packungen Milch.
- Aus einer Flasche Wasser bekommt man 4 Gläser.
- Eine Kakao-Packung reicht für 10 Kinder.

⑥ Empfohlene Getränkemenge pro Tag:

Alter	ml/Tag
1 Jahr	600 ml
2–3 Jahre	800 ml
4–6 Jahre	900 ml
7–9 Jahre	1 000 ml

Alter	ml/Tag
10–12 Jahre	1 200 ml
13–14 Jahre	1 300 ml
15–18 Jahre	1 500 ml

a) Wie viel sollst du jeden Tag trinken?

b) Schreibe einen Tag lang auf, wie viel und was du trinkst. Hast du genügend getrunken?

Frühstück : 1 Tasse Milch 200 ml

Pause : …

⑦ Rechne.

a) Aus einer Orange kann man ungefähr 100 ml Saft pressen. Wie viele Orangen braucht man für 1 l?

b) Ein großer Laubbaum braucht etwa 100 l Wasser am Tag. Wie viel Wasser braucht ein kleiner Wald mit 25 Bäumen in einer Woche?

c) Ein Walbaby braucht am Tag 500 l Milch. Im Supermarkt sind in einem Karton 12 Packungen Milch. Jede Packung Milch enthält 1 l. Wie viele Kartons müsste man kaufen, um ein Walbaby einen Tag lang mit Milch zu versorgen?

d) Johannes füllt aus einer 1-Liter-Flasche 3 Gläser zu je $\frac{1}{4}$ l. Wie viel Saft bleibt in der Flasche?

e) Eine Kuh gibt im Durchschnitt 24 l Milch am Tag. Wie viele volle Trinkgläser zu je $\frac{1}{4}$ l sind das?

f) ?

Wasser ist kostbar

(1) Täglicher Wasserverbrauch einer Person im Durchschnitt

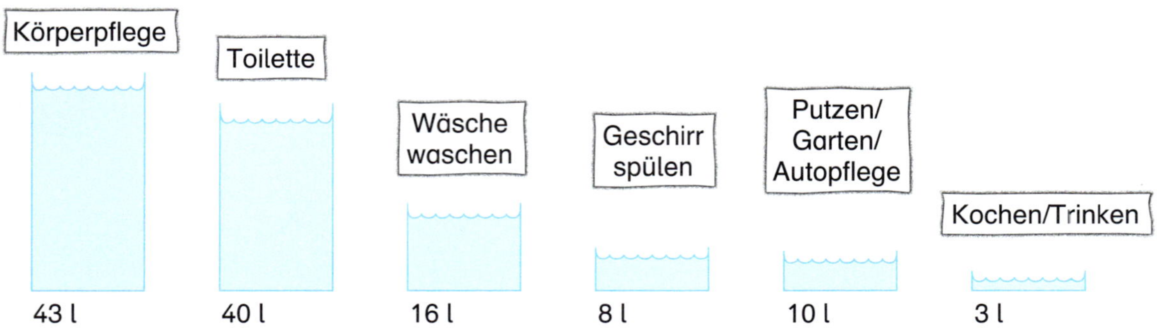

a) Welche Informationen kannst du dem Schaubild entnehmen?

b) Was bedeutet „im Durchschnitt"? Erkläre. Wie viel Wasser verbraucht eine Person pro Tag im Durchschnitt?

c) Vergleiche die Wassermenge für Körperpflege und Sauberkeit mit der Wassermenge für Ernährung.

(2) Wie viele 10-l-Eimer könntest du mit dem täglichen Wasserverbrauch einer Person füllen? Überlege und begründe.

(3) Ergänzt die Tabelle. Vergleicht eure Rechenwege.

	Anzahl	Tag	Monat (30 Tage)
Personen	1	120 l	
Familie mit 3 Personen	3		
Familie mit 4 Personen	4		
Schulklasse			
Kinder deiner Schule			

(4) Wasser ist kostbar. Wie kann man Wasser sparen? Schreibt Tipps auf und informiert euch, wie viele Liter Wasser bei jedem Tipp gespart werden können.

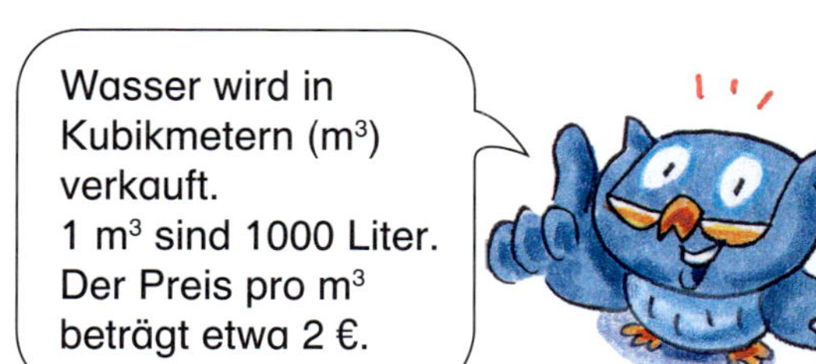

AH S. 44

⑤ Findet Rechenfragen zu diesen Texten.
Rechnet und vergleicht eure Lösungswege.

A

Ich gehe 5-mal pro Tag zur Toilette.
Für jeden Spülgang brauche ich 9 l Wasser.

1 Spülgang normal 9 l
1 Spülgang „SPAR“ 6 l

B

Meine Zähne putze ich 2-mal täglich.
Die Woche hat 7 Tage.
Das Jahr hat 52 Wochen + 1 Tag.

1-mal Zahnpflege $\frac{1}{2}$ l

C

In unserer Familie wird 2-mal in der Woche gebadet.
Johannes und Jeremias baden zusammen in einer Wanne. Mama und Papa jeweils extra.

1 Vollbad 140 – 180 l

D

Wenn ich dusche, brauche ich 8 Minuten.

1 Duschbad 60 – 90 l
oder: 12 l Duschwasser pro Minute

E

In eine Gießkanne passen 10 l Wasser.
Unsere Regentonne fasst 500 l.

F

Familie Mader hat drei Kinder. Jede Woche wird 6-mal gewaschen:
3-mal im Normalprogramm und 3-mal im Sparprogramm.

Normalprogramm 80 l
Sparprogramm 40 l

G

Das Ehepaar Klaus spült 4-mal pro Woche mit der Spülmaschine im Sparprogramm und jeden Tag einmal mit der Hand.

Spülmaschine:
Normalprogramm 45 l
Sparprogramm 25 l
Handwäsche 10 l
(Geschirr)

H

Familie Böhm spült alles mit der Hand und braucht am Tag dafür 40 l Wasser.
Erstelle eine Tabelle für „pro Woche“ und „pro Jahr“.

⑥ Erfinde selbst Aufgaben zum Thema „Wasserverbrauch“. Schreibe in dein Heft.

1-mal Händewaschen 2 l
Morgenwäsche 3 l

Gemüse waschen 3 – 5 l
Obst waschen 2 – 4 l

Kochen 1 l
(Kartoffeln für 4 Personen)

Tee kochen 1 l
1 Tasse 200 ml

1 Lies die Zahlen und schreibe die Rechnung auf.

3 7 2 4 1 8

300 000 + 70 000 + 2 000 + 400 + 10 + 8 =

a) 3 7 5 4 2 1 — 4 2 8 3 1 4 — 5 2 6 1 0 8

b) 4 3 1 7 2 3 — 8 1 0 4 2 9 — 2 1 8 4 3 0

2 Eine Zahl – drei Schreibweisen

	M	HT	ZT	T	H	Z	E	
675 391		6	7	5	3	9	1	6 HT, 7 ZT, 5 T, 3 H, 9 Z, 1 E
540 786								
		9	8	4	2	3	5	
								5 HT, 3 ZT, 8 H, 7 Z, 1 E
★	1	4	0	1	3	1	5	

3 Ergänze.

100 000	
60 000	
58 000	
72 000	
65 000	

1 000 000	
600 000	
580 000	
720 000	
650 000	

100 000	
	20 000
	43 000
	81 000
	25 000

1 000 000	
	200 000
	430 000
	810 000
	250 000

4 Bilde Additions- und Subtraktionsaufgaben. Achte auf die Stellen.

5 5 1 6 7 4 ⊕ 300 000 4 000 20

6 4 4 5 3 7 ⊖ 40 000 1 300

5 Addieren mit vollen Zehntausendern

38 ZT + 14 ZT = ☐
38 + 14 = ☐

| 3 | 8 | 0 | 0 | 0 | 0 | + | 1 | 4 | 0 | 0 | 0 | 0 |

a) 380 000 + 140 000
670 000 + 240 000
360 000 + 470 000

b) 480 000 + 370 000
290 000 + 260 000
370 000 + 150 000

6 Subtrahieren mit vollen Zehntausendern

62 ZT – 25 ZT = ☐
62 – 25 = ☐

| 6 | 2 | 0 | 0 | 0 | 0 | - | 2 | 5 | 0 | 0 | 0 | 0 |

a) 620 000 – 250 000
730 000 – 670 000
420 000 – 240 000

b) 630 000 – 250 000
510 000 – 370 000
430 000 – 140 000

7 Rechne schriftlich.

a) 365 289 + 79 369
270 018 + 408 599
509 746 + 1 037
48 493 + 247 786

b) 99 327 – 67 982
486 035 – 293 260
218 308 – 9 569
702 863 – 27 497

c) 298 937 + 326 488
74 656 + 546 367
624 352 – 8 786
805 230 – 72 561

8 Mit großen Zahlen multiplizieren: Die kleine Aufgabe hilft.

| 4 | 0 | 0 | 0 | · | 2 | 0 |

4 · 2 = 8

a) 4 000 · 20
600 · 40

b) 70 000 · 3
8 000 · 50

c) 9 000 · 60
80 000 · 3

9 Mit großen Zahlen dividieren: Die kleine Aufgabe hilft.

| 2 | 8 | 0 | 0 | : | 7 |

28 : 7 = 4

a) 2 800 : 7
7 200 : 9
5 600 : 7

b) 350 000 : 7
280 000 : 4
630 000 : 9

c) 21 000 : 7
21 000 : 3
210 000 : 7

Ich multipliziere zuerst die E, danach die Z und dann die H.

Ich schreibe nur die Ergebnisse auf.

Franz
216 · 6 = 1296
36
60
1200

216 · 6

Leon
216 · 6 = 1296
200 · 6 = 1200
10 · 6 = 60
6 · 6 = 36

Amelie
216 · 6
1296

Ich rechne so:
6 · 6 E = 36 E, …

Ich notiere die 6 E, die 3 Z merke ich mir.

1) a) Wie hast du gerechnet?
Wie haben die Kinder gerechnet? Vergleicht.

b) Amelie hat schriftlich multipliziert.
So hat sie gerechnet:

HZE 216 · 6	6 mal 6 E = 36 E	6 an, 3 gemerkt
THZE	6 mal 1 Z = 6 Z	6 + 3 = 9; 9 an
1296	6 mal 2 H = 12 H	12 an

Die 3 Z merke ich mir mit den Fingern.

2) Rechne schriftlich.

H	Z	E		
1	1	7	·	5
		H	Z	E
				5

a) 117 · 5
314 · 3

b) 215 · 4
217 · 3

c) 119 · 4
312 · 6

d) 123 · 4
229 · 3

476, 492, 585, 651, 687, 860, 942, 1872

3) Vorsicht! Hier gibt es manchmal zwei Überträge.

H	Z	E		
1	7	4	·	4
		H	Z	E
		6	9	6

a) 174 · 4
292 · 3

b) 312 · 3
253 · 6

c) 521 · 9
126 · 6

d) 617 · 2
431 · 8

696, 756, 876, 936, 1234, 1518, 3448, 4689

4) Überschlage wie Eulalia und rechne.

278 · 3

Ü: 300 · 3

Ich rechne mit glatten Hundertern. So erhalte ich ein ungefähres Ergebnis.

a) 394 · 6
796 · 3
412 · 7
233 · 4

b) 409 · 6
883 · 2
631 · 5
994 · 8

c) 289 · 8
287 · 4
998 · 7
438 · 6

5) Überschlage und rechne.

a) 123 · 2
234 · 3
345 · 4
…

b) 882 · 2
883 · 3
884 · 4
…

c) 987 · 6
876 · 5
765 · 4
…

d) 999 · 9
888 · 8
777 · 7
…

e) 101 · 9
202 · 8
303 · 7
…

Fällt dir bei e) an den Ergebnissen etwas auf?

6 Überschlage: Welche Zahlen können Ergebniszahlen sein? Begründe. Überprüfe durch die Rechnung.

a) 424 · 8

Ü: 400 · 8 = 3 200

3 192 · 3 502 · 4 000 · 32 672 · 3 092 · 3 392

b) 373 · 4

Ü: 400 · 4 = 1 600

1 612 · 1 601 · 152 · 1 492 · 1 692 · 1 282

c) 546 · 7

4 100 · 4 300 · 3 400 · 3 522 · 3 822 · 3 100

7 Vorsicht Nullen! Überschlage und rechne.

a)	b)	c)	d)	e)
607 · 8	170 · 3	1 402 · 5	2 181 · 5	3 703 · 8
409 · 3	7 060 · 7	6 525 · 6	8 508 · 8	6 075 · 8

8 Berichtige die Fehler in den Lupen. Rechne die weiteren Aufgaben. Welcher Tipp passt zu welcher Lupe?

a) 118 · 2 = 2216 f — 573 · 4, 682 · 6, 997 · 5, 846 · 4, 385 · 6, 777 · 2

b) 504 · 5 = 2570 f — 308 · 5, 920 · 2, 202 · 5, 109 · 6, 370 · 8, 580 · 4

c) 119 · 4 = 466 f — 325 · 4, 613 · 3, 923 · 6, 753 · 5, 819 · 2, 681 · 9

- Gemerktzahlen mit den Fingern zeigen
- Auf die Stellen achten
- Multiplikationsaufgaben mit 0 richtig lösen
- Dein Tipp?

Der Null auf der Spur

AH S. 48

①

432 · 4	432 · 40
1728	

a) Wie verändert sich das Ergebnis, wenn du · 40 rechnest? Erkläre.

b) Wie verändert sich das Ergebnis, wenn du · 400 rechnest? Erkläre.

② Bilde alle möglichen Multiplikationsaufgaben und rechne. Was fällt dir auf?

119 428 367

· 6 · 8 · 60 · 80 · 600 · 800

③ Mit welchen dieser Zahlen muss multipliziert werden, damit die Ergebnisse stimmen? Ergänze und rechne.

· 30 · 40 · 50

· 300 · 400 · 500

441 · ☐	271 · ☐	652 · ☐	173 · ☐
22 050	10 840	19 560	8 650
441 · ☐	271 · ☐	652 · ☐	173 · ☐
220 500	108 400	195 600	86 500

④ Woher kommt hier die Null an der Einerstelle im Ergebnis?

a) 3 255 · 6 b) 8 272 · 5 c) 2 865 · 4

d) 2 026 · 5 e) 8 105 · 4 f) 6 702 · 5

32 420 19 530 33 510 11 460 41 360 10 130

★ Finde selbst Aufgaben, die im Ergebnis eine, zwei, … Null(en) haben.

5 Lückenaufgaben

a) Welche Zahl muss in die Lücke? Erkläre.

Ich meine 1, weil 4 · 1 = 4.

6 7 □ · 4	
2 7 0 4	

Ich glaube 6, weil 4 · 6 = 24.

4	→	4	·	1
8				
12				
16				
20				
24	→	4	·	6

b) Fülle die Lücken.

5 2 □ · 3	2 5 □ · 7	3 9 □ · 3	9 □ 2 · 4	□ 4 2 · 6
1 5 7 2	1 7 9 9	1 1 8 8	3 9 2 8	2 0 5 2

★ **6** Fülle die Lücken.

7 · 2 = 14
4 an, 1 gemerkt.
Die 1 muss ich mir von der 8 wegdenken.

a) 8 □ 2 · 7	b) □ 3 □ · 5	c) 8 □ 7 · 4	d) 8 □ 9 · 8
5 □ 8 4	4 6 8 0	3 2 6 □	□ 1 9 2
e) □ 6 8 7 · 3	f) 1 □ 0 9 · 8	g) 2 □ 5 6 · 8	h) □ 7 6 4 · 6
1 7 □ □ □	9 □ □ □	1 8 8 □ 8	1 6 5 □ 4

7 Rechnen mit Riesenzahlen: Rechne schriftlich.

a)	b)	c)	d)
29 614 · 30	3 463 · 50	341 · 300	1 021 · 600
32 154 · 20	2 211 · 90	544 · 700	678 · 500
5 264 · 60	7 219 · 60	4 229 · 200	742 · 700
6 321 · 50	10 328 · 40	422 · 900	876 · 900

Der Taschenrechner kann dir bei der Kontrolle helfen.

★ **8** Rechne in deinem 📖 so viele Aufgaben, bis du ein Muster erkennst.
Beschreibe das Muster.
Vermute das Ergebnis der letzten Aufgabe. Überprüfe durch Nachrechnen.

a)	b)	c)
9 · 9	1 · 8 + 1	8 · 9 + 5
98 · 9	12 · 8 + 2	87 · 9 + 4
987 · 9	123 · 8 + 3	876 · 9 + 3
9 876 · 9	1 234 · 8 + 4	8 765 · 9 + 2
98 765 · 9	12 345 · 8 + 5	87 654 · 9 + 1

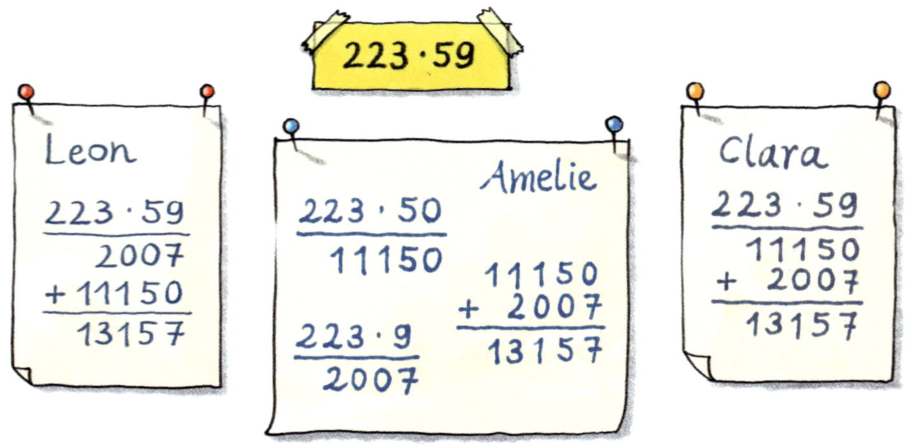

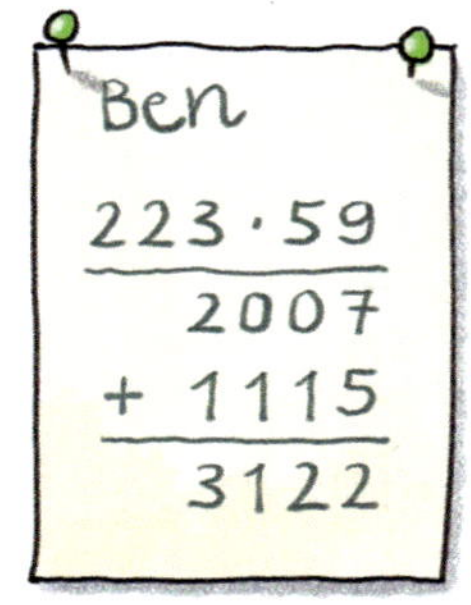

1 a) Wie rechnest du? Erkläre deinen Weg. Vergleicht.

b) Wie rechnen die Kinder? Erkläre die Lösungen von Leon, Amelie und Clara.

c) Wie unterscheiden sich die Rechenwege von Leon und Clara?

d) Wo steckt der Fehler bei der Rechnung von Ben?

2 Rechne auf deinem Weg.

a)	b)	c)	d)	★ e)
67 · 43	702 · 46	897 · 23	6421 · 61	309 · 245
93 · 81	229 · 37	536 · 77	7642 · 24	408 · 514
76 · 53	608 · 89	747 · 44	9574 · 31	505 · 715

2881, 4028, 7533, 8473, 20631, 32292, 32868, 41272, 54112, 75705, 183408, 209712, 296794, 361075, 391681

3 a) Berichtige die Fehler in den Lupen.

A

B

C

D

b) Welcher Tipp passt zu den Fehlern in den Lupen?

Einmaleins üben	Gemerktzahlen mit den Fingern zeigen	Jede Stelle multiplizieren	Auf die Stellen achten	Dein Tipp?

4 Rechne.

a)	b)	c)	★ d)
98 · 45	807 · 35	5927 · 31	401 · 138
71 · 53	137 · 28	6892 · 23	509 · 297
46 · 62	909 · 71	4391 · 28	803 · 357

2852, 3763, 3836, 4410, 28245, 64539, 122948, 158516, 183737
55338, 151173, 286671

5 Lege mit den Ziffernkarten 5 6 7 8 9 eine dreistellige und eine zweistellige Zahl.
Multipliziere die beiden Zahlen.

a) Finde mehrere Aufgaben.

b) Lege die Karten so, dass an der Einerstelle im Ergebnis eine 0 steht.

c) Lege die Karten so, dass das Produkt möglichst klein ist.

d) Lege die Karten so, dass das Produkt möglichst groß ist.

e) Lege die Karten so, dass …

6 Aufgaben mit Drehzahlen

a) 34 · 86, 43 · 68 b) 12 · 42, 21 · 24 c) 12 · 84, 21 · 48 d) 31 · 26, 13 · 62

Was fällt dir auf? Ist das bei allen Drehzahlen so?

7 Wie kannst du hier geschickt rechnen?

a)	b)	c)	d)
8 · 5872	2 · 3763	4 · 8532	6 · 2356
9 · 2541	3 · 1579	5 · 6987	7 · 8215
4 · 3593	6 · 2693	8 · 1957	3 · 1960

4737, 5880, 7526, 14136, 14372, 15656, 16158, 22869, 34128, 34935, 46976, 57505

8 Fülle die Lücken.

Hier wurde immer zuerst mit den Zehnern multipliziert.

a)	b)	c)	d)
363 · 27	7☐6 · 43	☐12 · 16	8☐3 · 65
☐260	29840	9120	☐☐380
+ 25☐1	+ 223☐	+ 5472	+ 411☐
☐☐☐☐	☐☐☐☐☐	☐☐☐☐☐	☐☐☐☐☐

9 Im Kopf oder schriftlich? Begründe.

a)	b)	c)	d)
250 · 40	45 · 23	300 · 7	25 · 400
125 · 8	125 · 80	436 · 3	500 · 30
236 · 31	20 · 50	250 · 60	697 · 60

10 Löse die Aufgabenpaare mit dem Taschenrechner. Was fällt dir auf?

a)	b)	c)	d)
450 · 12	6884 · 13	8644 · 21	134500 · 35
225 · 24	3442 · 26	4322 · 42	67250 · 70

Versuche zu erklären, warum das so ist. Suche selbst solche Aufgabenpaare.

Entdeckungen beim Multiplizieren

① Aufgabenpaare: Ordne die Aufgaben. Erkläre.

30 · 30	40 · 40	20 · 20	300 · 300	500 · 500
29 · 31	499 · 501	299 · 301	39 · 41	19 · 21

a) Welche Aufgaben kannst du im Kopf lösen?
Vermute, welches Ergebnis die anderen Aufgaben haben könnten.

b) Berechne die Aufgabenpaare. Was fällt dir auf?

c) Ist das immer so? Erfindet selbst solche Aufgabenpaare.
Besprecht eure Entdeckungen.

Das Ergebnis der Quadrataufgabe ist immer …

Der Unterschied zwischen den Ergebnissen ist …

?

d) Gilt die Regel auch bei kleinen Aufgaben wie 3 · 3 oder 5 · 5?
Rechne, überlege und erkläre am Punktefeld.

3 · 3 = 9

Für 2 · 4 muss ich …
1 Plättchen ….

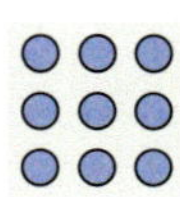

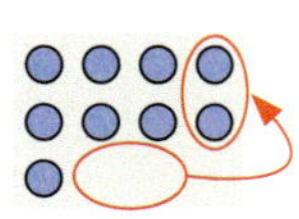

② Andere Aufgabenpaare

30 · 30	20 · 20	40 · 40	300 · 300
28 · 32	18 · 22	38 · 42	298 · 302

a) Welche Aufgaben kannst du im Kopf lösen?
Vermute, welches Ergebnis die anderen Aufgaben haben könnten.

b) Berechne die Aufgabenpaare. Was fällt dir auf?

c) Ist das immer so? Erfindet selbst solche Aufgabenpaare.
Besprecht eure Entdeckungen.

d) Was vermutest du bei diesen Aufgaben?
Schreibe auf und rechne nach.

30 · 30 27 · 33

Der Unterschied der Ergebnisse ist …

③ Reihen fortsetzen

20 · 20

19 · 21

18 · 22

17 · 23

16 · 24

…

a) Berechne die Aufgaben.
Erkennst du ein Muster?

b) Setze die Reihe fort.
Vermute das nächste Ergebnis.
Überprüfe durch Rechnen.

c) Besprecht eure Entdeckungen.

④ Rechne und setze die Reihen fort.

30 · 30	40 · 40	300 · 300	?
29 · 31	39 · 41	299 · 301	
28 · 32	…	…	
…			

Vergleicht die Muster bei den Ergebnissen.

⑤ Rechne die leichte Aufgabe. Löse die andere Aufgabe durch Überlegen.

a) 60 · 60	200 · 200	500 · 500	80 · 80
59 · 61	199 · 201	499 · 501	79 · 81
b) 50 · 50	600 · 600	100 · 100	90 · 90
48 · 52	602 · 598	98 · 102	92 · 88

c) Löse diese Aufgaben durch Überlegen. Welche Aufgabe kann helfen?

79 · 81	299 · 301	498 · 502	698 · 702
49 · 61	799 · 101	398 · 202	597 · 303

Beim Einkaufen – Rechnen mit Kommazahlen

① Du machst für deine Familie einen Obstsalat.
Was kaufst du ein?
Wie viel kostet dein Einkauf? Wie rechnest du?

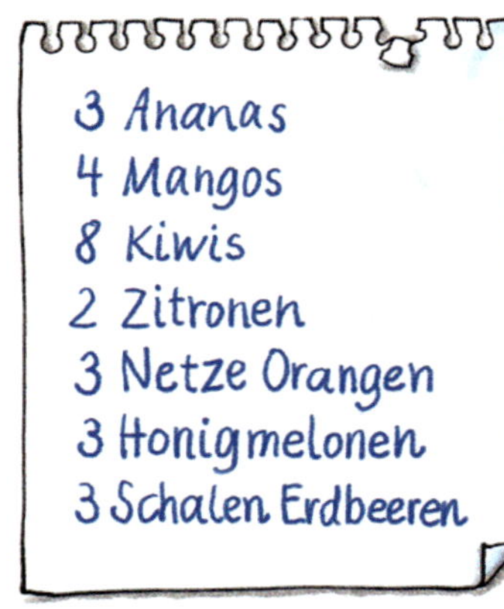

② Die Kinder einer 4. Klasse kaufen für einen Obstsalat ein.

a) Paul, Marlene und Ben besorgen 3 Ananas.
Sie rechnen aus, wie viel sie bezahlen müssen:

Erkläre, wie die Kinder gerechnet haben.

b) Berechne den Preis für jede Obstsorte.

c) Was kostet der Einkauf insgesamt?

③ Anna hat auf dem Markt 4 Schalen Himbeeren gekauft. Insgesamt musste sie 9,96 € bezahlen. Auf dem Weg nach Hause sieht sie ein Preisschild: „Himbeeren im Angebot – Schale 2,55 €".
Sie überlegt: „Wie viel habe ich wohl für jede Schale bezahlt?"

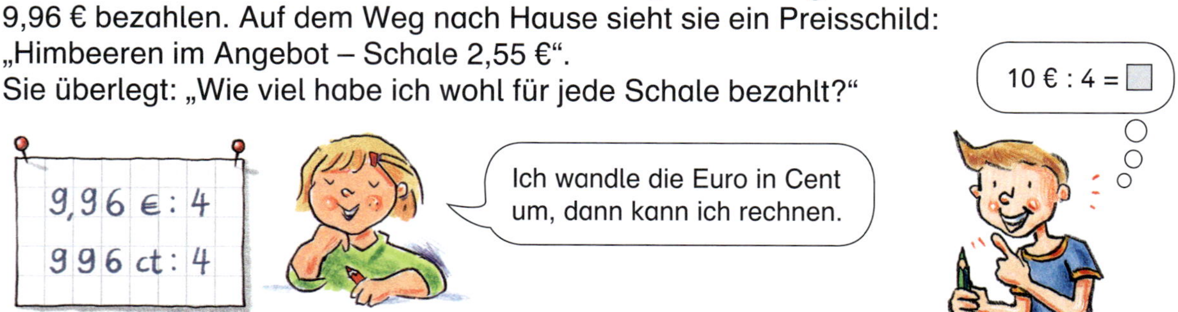

④ a) Paul hat 1 Sternfrucht, 2 Mangos und 2 Zitronen gekauft. Er hat insgesamt 6,35 € bezahlt. Wie viel hat er für die Sternfrucht bezahlt?

b) Marlene hat 4 Kiwis, 1 Ananas und 1 Honigmelone in ihrem Einkaufskorb. Sie hat 10 € dabei. Reicht das Geld noch für 3 Beutel Mandelsplitter für je 1,19 €?

Günstige Angebote?

(5) Oft kann man größere Mengen günstiger einkaufen.
Wie viel sparen die Käufer, wenn sie das Angebot nutzen?

a) Susanne kauft 3 Brezeln.

b) Paul nimmt 5 Brötchen.

c) Familie Weber kauft 10 Brötchen und 3 Quarktaschen.

d) Herr Maier kauft 10 Quarktaschen.

e) Du brauchst 9 Brötchen.

Ist es sinnvoll, 10 Brötchen einzukaufen? Begründe.

(6) Preise vergleichen lohnt sich.

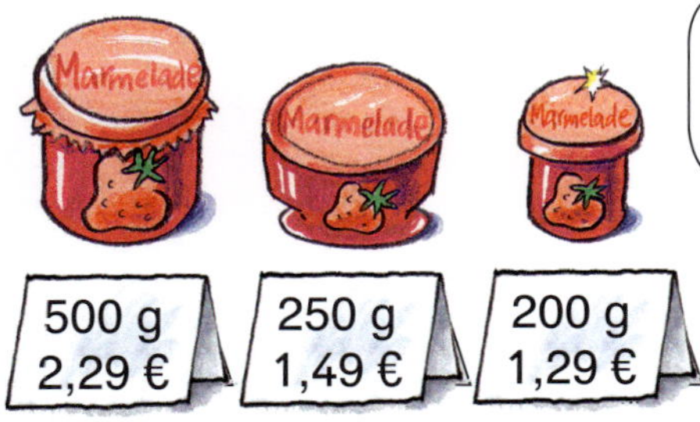

Überlege, rechne und erkläre. Eine Tabelle hilft dir.

Marmelade 500 g	
500 g	2,29 €
1 000 g	

Marmelade 250 g	
250 g	1,49 €
500 g	
1 000 g	

Marmelade 200 g	
200 g	1,29 €
400 g	
800 g	
1 000 g	

(7) Beim Vergleichen helfen Grundpreise. Sie werden für 100 g, 1 kg oder 1 l angegeben.

a) Berechne die Grundpreise für die verschiedenen Mengen.

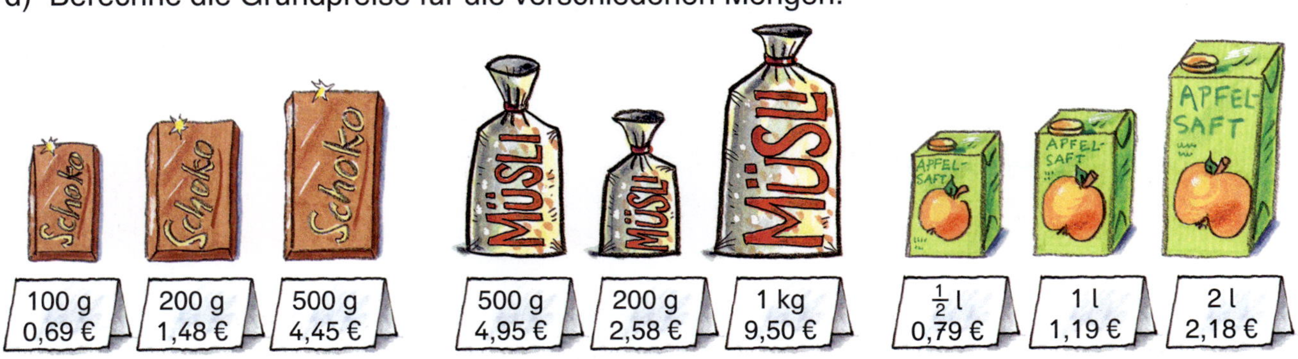

b) Wie viel würdest du für deine Familie einkaufen? Begründe deine Wahl.

c) Warum sind die Preise so unterschiedlich? Vermute.

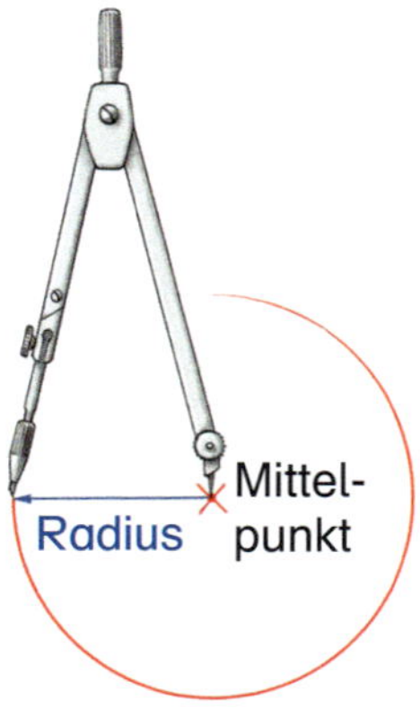

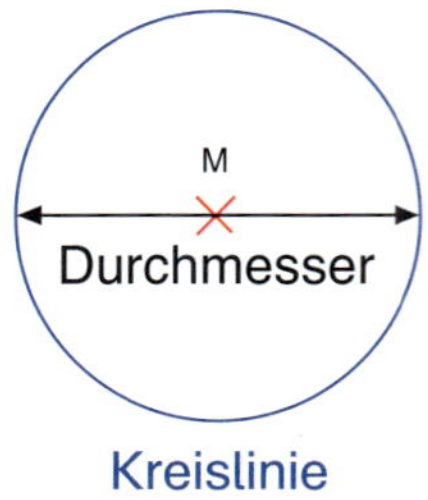

Kenneth Noland:
Half (acrylic on canvas)

Robert Delaunay:
Endloser Rhythmus

1 Markiere einen Mittelpunkt. Stich mit der Nadel dort ein und zeichne verschieden große Kreise. Vergleiche mit dem Bild von Kenneth Noland.

2 a) Zeichne Kreise mit einem Radius von 3 cm, 4 cm, 5,5 cm.

b) Zeichne einen Kreis mit dem Durchmesser 4 cm.

3 Schöne Figuren – so können sie entstehen:

a)

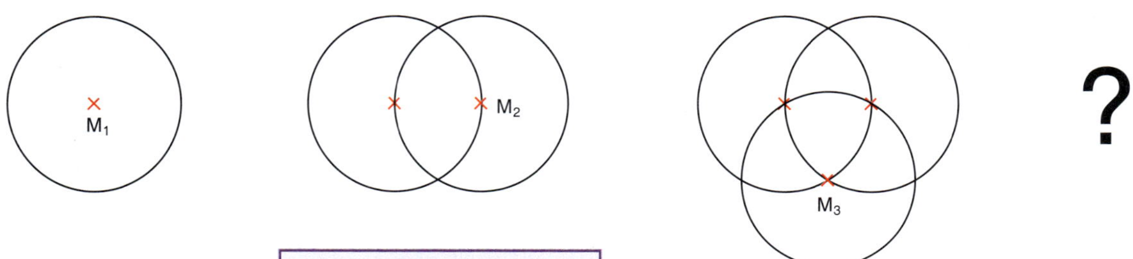

Neuer Mittelpunkt M_2 auf der Kreislinie

Neuer Mittelpunkt M_3 am Schnittpunkt der beiden Kreislinien

b)

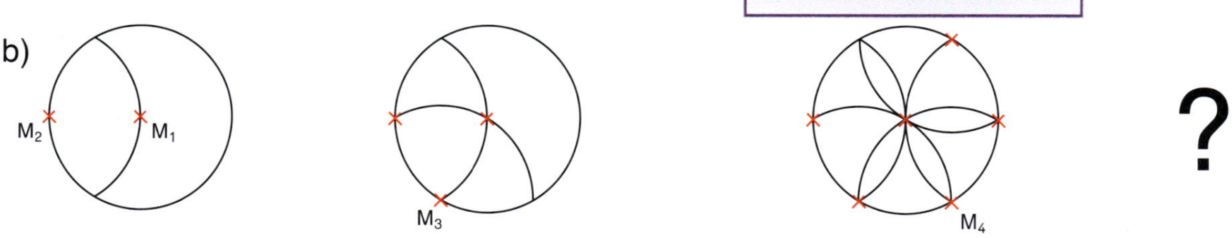

4 Schöne Muster

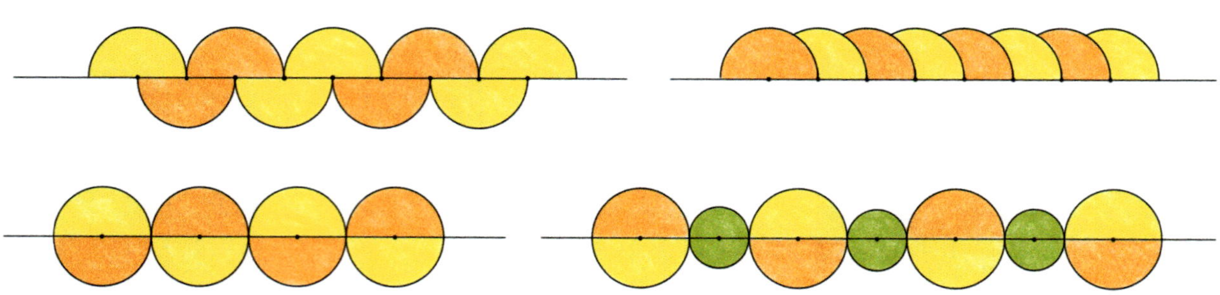

a) Übertrage die Muster in dein Heft. Zeichne weiter und färbe sie.

b) Erfinde eigene schöne Muster. Zeichne sie in dein 📖.

AH S. 53

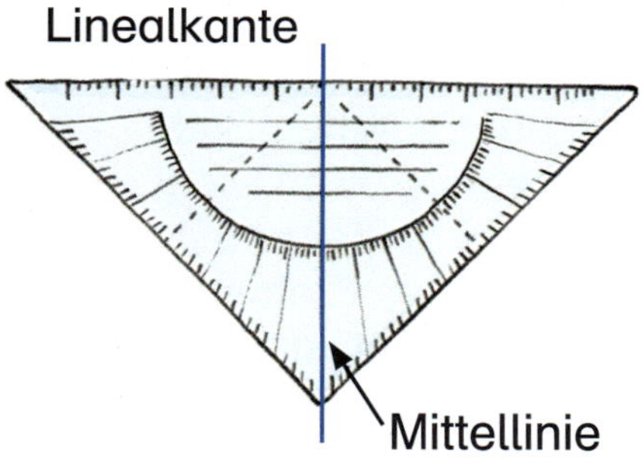

(5) Senkrecht aufeinander stehende Linien zeichnen:

Zeichne eine Linie.
Lege die Mittellinie des Geodreiecks auf die Linie.
Zeichne die Senkrechte.

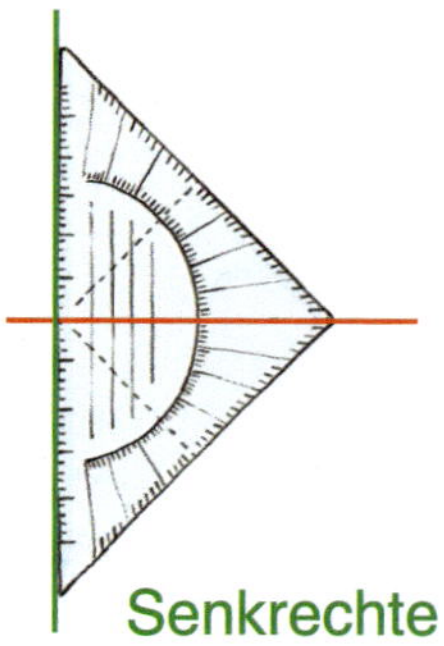

(6) Parallele Linien zeichnen:

Lege eine parallele Linie des Geodreiecks auf eine Linie.
Zeichne die Parallele.

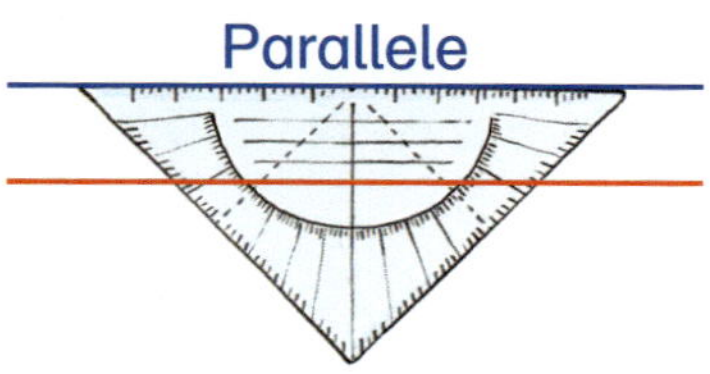

(7) Zeichne mit dem Geodreieck ...

a) ... eine Strecke von 6 cm und dazu 4 parallele Linien.

b) ... 2 Linien, die senkrecht aufeinander stehen.

(8) Prüfe mit dem Geodreieck und suche im Bild von Theo van Doesburg parallele Linien, senkrecht aufeinander stehende Linien und rechte Winkel.

Theo van Doesburg:
Kontra-Komposition mit Dissonanzen

(9) Zeichne nun selbst Rechtecke und Quadrate auf unliniertes Papier.

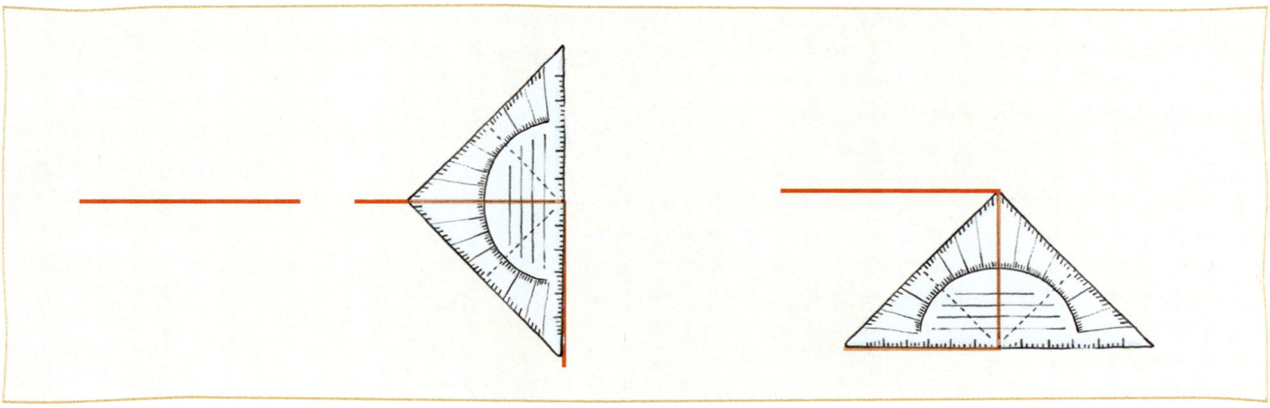

(10) Zeichne ein Bild wie Theo van Doesburg.

Der Elefant ist das größte Säugetier, das auf dem Festland lebt. Es gibt asiatische und afrikanische Elefanten. Ein afrikanischer Elefanten-Bulle kann zwischen 5 t und 7,5 t (Tonnen) wiegen. Eine Elefanten-Kuh wiegt ungefähr 2 800 kg. Der Elefant pflückt mit seinem Rüssel Blätter und Zweige von den Bäumen. Er braucht am Tag ungefähr 160 kg Futter. Elefanten schlafen oder ruhen täglich nur 2 bis 4 Stunden. Sie trinken etwa 150 l Wasser am Tag. In einen Elefantenrüssel passen 10 l Wasser. Ein Elefanten-Baby wiegt bei seiner Geburt schon 100 kg. Es trinkt etwa 12 l am Tag.

(1) Arbeitet in Gruppen:
- Alle überfliegen den Text.
- Ein Kind liest den Text zweimal vor. Die anderen Kinder schreiben Stichpunkte und unbekannte Begriffe auf.
- Erzählt euch Wichtiges zu euren Stichpunkten.
  Klärt unbekannte Begriffe: Schlagt im Lexikon nach oder forscht im Internet.

1 Tonne (t) = 1000 Kilogramm (kg)

Elefant

Gewicht Elefanten-Bulle:
5 t – 7,5 t
Gewicht Elefanten-Kuh:
...
Gewicht Elefanten-Baby:
...

(2) Schreibt Fragen zum Text und ordnet sie:

1 + 1 — Fragen, bei denen wir rechnen müssen

(Auge) — Fragen, die wir sofort beantworten können

i — Fragen, für die wir noch mehr Informationen benötigen

(3) Ordnet diese Fragen wie in Aufgabe 2.

A Wie schwer wird ein Elefanten-Männchen höchstens?

B Wie viele Kilogramm wiegen Elefanten-Kuh und Elefanten-Baby zusammen?

D Wie viele Autos sind genauso schwer wie ein Elefanten-Männchen?

E Wie viele Kinder sind genauso schwer wie eine Elefanten-Kuh?

C Wie viele Kilogramm wiegt die Elefanten-Kuh mehr als das Elefanten-Baby?

G Wie viel Futter braucht ein Elefant in einer Woche?

F Wie viel Futter braucht ein Elefant am Tag?

I Wie viele Rüssel voll mit Wasser braucht ein Elefant, um eine Badewanne zu füllen?

H Wie viele Liter Wasser trinkt ein Elefanten-Baby täglich mehr als ein Mensch?

(4) Löse die Aufgaben, bei denen du rechnen musst.

AH S. 54

(5) Wähle einen Sachtext.
a) Arbeite wie in Aufgabe (1) bis (4).

Gorillas leben in Regenwäldern. Jede Gruppe hat ungefähr 15 Mitglieder. Sie sind friedliche und scheue Pflanzenfresser und vom Aussterben bedroht. Gorilla-Männchen können bis zu 350 kg schwer werden. Ein Gorilla-Weibchen wiegt nur etwa halb so viel. Gorilla-Babys wiegen bei der Geburt zwischen 750 g und 2000 g. Das Gorilla-Männchen frisst jeden Tag etwa 35 kg Pflanzen, ein Weibchen etwa 15 kg. Gorillas fressen fast den ganzen Tag. Sie werden gegen 6 Uhr wach und gehen dann gleich auf Nahrungssuche. Für die Nacht bauen Gorillas Nester. Ein Nest wird meist nur für eine Nacht verwendet.

Flusspferde leben in Afrika. Sie können bis zu 3 t wiegen und sind über 1,60 m hoch. Sie wiegen so viel wie drei kleine Autos. Ein Flusspferd-Baby wiegt bei seiner Geburt fast 50 kg. Flusspferde haben einen großen Kopf mit kleinen Augen und Ohren und einem riesigen Maul. Jeder Eckzahn im Unterkiefer ist fast 4 kg schwer.
Flusspferde dösen am liebsten den ganzen Tag im Wasser. Dabei tauchen sie so weit unter Wasser, dass nur noch Augen, Nase und Ohren herausschauen. Nachts gehen sie an Land und fressen bis zu 40 kg Gräser. Für eine solche Menge Gras wandern sie mehr als 5 km pro Nacht.

Pandas leben in China. Sie mögen Wälder, die oberhalb von 1 500 m und unterhalb von 4 000 m liegen. Ein Pandabär kann zwischen 1,50 m und 1,90 m groß und bis zu 150 kg schwer werden. Pandas fressen 15–30 kg Bambusblätter am Tag. Dafür brauchen sie etwa 14 Stunden. Sie sind in der Nacht wach und legen sich erst am Morgen schlafen.
Pandabären kommen blind und fast nackt zur Welt. Bei der Geburt wiegen sie nur 100 g. Der Pandabär hat ein dichtes Fell. Seine dicke Fettschicht schützt ihn vor Kälte. Der Pandabär ist ein Einzelgänger. Er lebt ungefähr 18–20 Jahre.

b) Stellt euch eure Steckbriefe, Fragen, Aufgaben und Ergebnisse vor.

(6) Gestalte eine Seite in deinem 📖 mit Informationen über dein Lieblingstier.
Erfinde Aufgaben. Dein Partner löst sie.

- Welche Information findest du am interessantesten?
- Willst du noch mehr wissen?
- Informiere dich in Büchern, Zeitschriften oder im Internet.

Schriftlich dividieren

(1) So geht das schriftliche Dividieren. Erkläre.

738 : 3

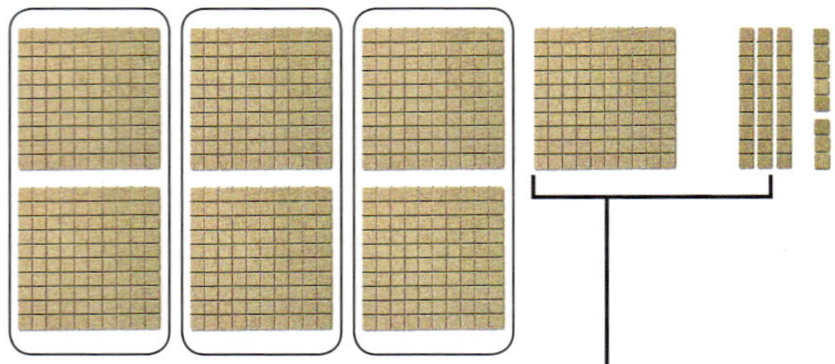

HZE HZE
738 : 3 = 2
−6
1

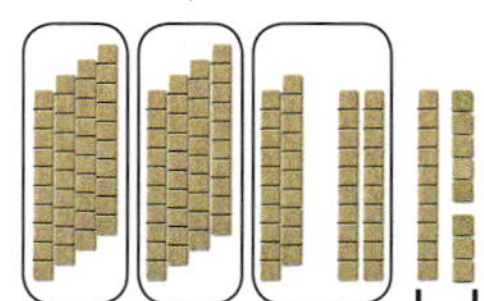

HZE HZE
738 : 3 = 24
−6↓
13
−12
1

HZE HZE
738 : 3 = 246
−6↓
13
−12↓
18
−18
0

(2) Legt die Aufgaben mit Rechenmaterial. Dividiert schriftlich.

672 : 4

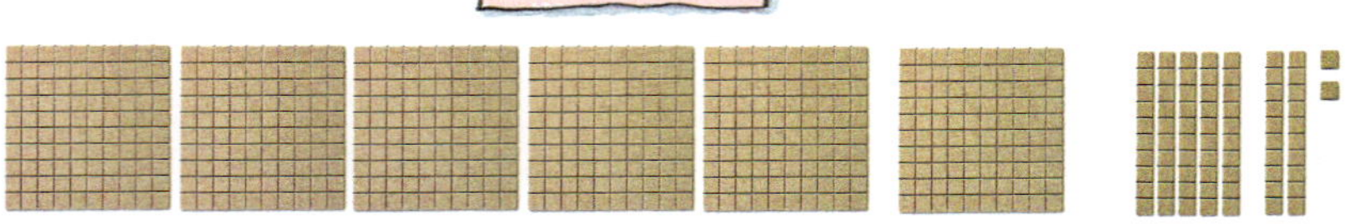

H Z E H Z E
6 7 2 : 4 = 1
− 4 ↓
2 7
...

825 : 3

625 : 5

984 : 8

3 Dividiere schriftlich und sprich so:

```
948 : 4 = 237
-8
 14
-12
  28
 -28
   0
```

9 : 4 geht 2-mal,
2 · 4 = 8,
1 bleibt übrig.

14 : 4 geht 3-mal,
3 · 4 = …

28 : 4 geht …

948 : 4	8328 : 6
790 : 5	5634 : 3
826 : 7	9824 : 4
896 : 8	8638 : 7

112, 118, 158, 237, 1234, 1388, 1878, 2456

4 1362 : 6

a) Versuche die Aufgabe zu lösen. Was ist hier anders?

b) T H Z E

```
 ⌒
1 3 6 2 : 6 = . . .
- 1 2
   …
```

Ich mache einen Bogen und setze drei Punkte für das Ergebnis, denn mein Ergebnis muss drei Stellen haben.

Erklärt, warum Eulalia einen Bogen macht.
Woher weiß sie, wie viele Stellen das Ergebnis hat?

c) Überlege vor dem Rechnen, wie viele Stellen das Ergebnis hat.
Setze Bögen und Punkte.

1288 : 4	2568 : 8	37455 : 5	4932 : 6	5391 : 9
41973 : 3	8897 : 7	6128 : 8	41832 : 9	644 : 7

92, 321, 322, 599, 766, 822, 1271, 4648, 7491, 13991

5 So vergisst du keine Stelle: Ziehe Pfeile.

```
 ⌒
 3 8 6 9 2 : 4 = 9 6 7 3
-3 6
   2 6
  -2 4
     2 9
    -2 8
       1 2
      -1 2
         0
```

a)

2396 : 4
3867 : 3
2376 : 6
8352 : 9

b)

33971 : 7
42335 : 5
19584 : 8
138624 : 2

396, 599, 928, 1289, 2448, 4853, 8467, 69312

6 Überschlage und rechne.

a) 27448 : 8
32772 : 4

b) 82768 : 7
9870 : 5

c) 25146 : 3
87918 : 6

d) 88884 : 9
375968 : 2

```
Ü: 24000 : 8 = 3000
 ⌒
 27448 : 8 = 3
-24
  …
```

Schriftlich dividieren – Vorsicht Nullen!

(1) Erkläre.

918 : 3

9 H verteilt an 3 Kinder. Jedes Kind bekommt 3 H.

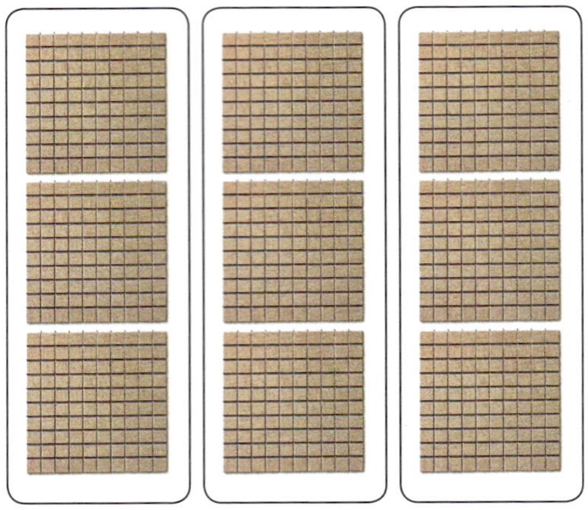

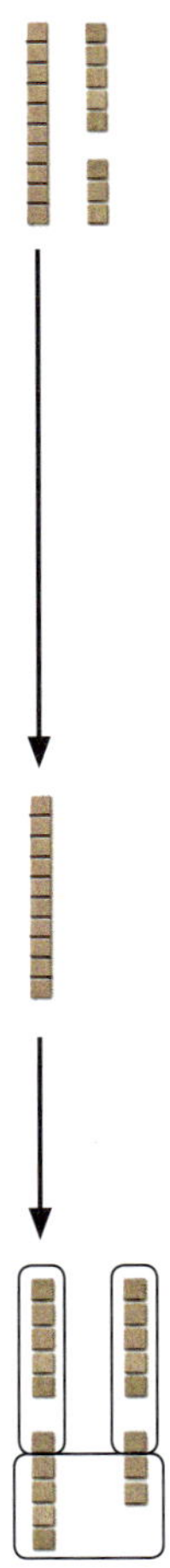

HZE HZE
918 : 3 = 3
−9
0

1 Z kann ich nicht an 3 Kinder verteilen. Jedes Kind bekommt 0 Z. Ich schreibe im Ergebnis eine 0.

Warum darfst du die Null im Ergebnis nicht vergessen?

HZE HZE
918 : 3 = 30
−9
01
− 0
1

Ich tausche 1 Z in 10 E. 18 E kann ich an 3 Kinder verteilen. Jedes Kind bekommt 6 E.

HZE HZE
918 : 3 = 306
−9
01
− 0
18
− 18
0

(2) Achte auf die 0 im Ergebnis. Setze Bögen und Punkte.

a) 2 4 3 6 : 4 = ☐☐☐

2 436 : 4 4 824 : 3 4 563 : 9
8 456 : 8 1 442 : 7 8 464 : 8

206, 609, 507, 1 057, 1 058, 1 608

b) 31 218 : 6 77 224 : 7 64 134 : 6 143 752 : 7
32 140 : 4 41 648 : 8 45 468 : 9 275 420 : 5

5 052, 5 203, 5 206, 8 035, 10 689, 11 032, 20 536, 55 084

(3) Achte auch hier auf die 0 im Ergebnis. Setze Bögen und Punkte.

a) 3 2 4 0 : 6 = ☐☐☐

3 240 : 6 9 380 : 7 9 180 : 9
4 080 : 6 5 040 : 8 5 390 : 7

540, 630, 680, 770, 1 340, 1 020

b) 16 440 : 3 62 148 : 6 49 320 : 9 754 992 : 7
49 980 : 6 36 480 : 8 61 062 : 3 855 432 : 9

4 560, 5 480, 5 480, 8 330, 10 358, 20 354, 95 048, 107 856

AH S. 57

4 Vorsicht Fehler!

a) Rechne die Aufgaben richtig.

b) Erklärt die Fehler. Welche Tipps helfen euch?

A

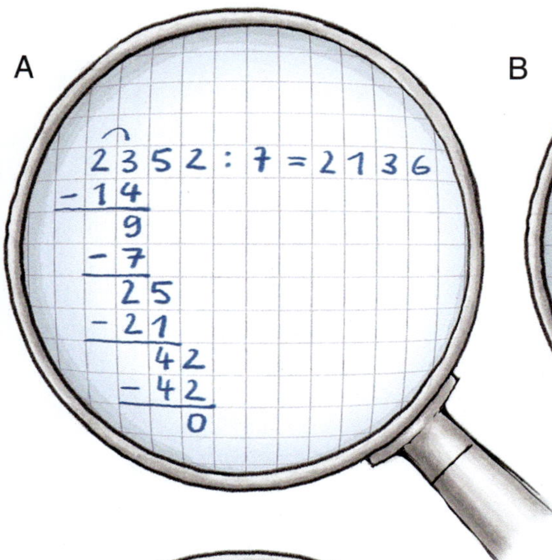

B

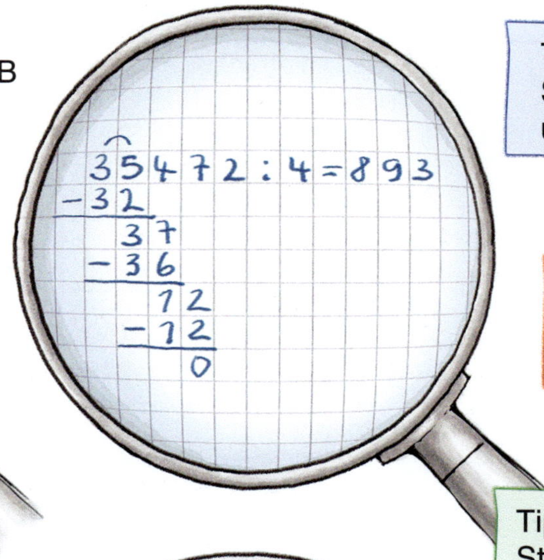

C

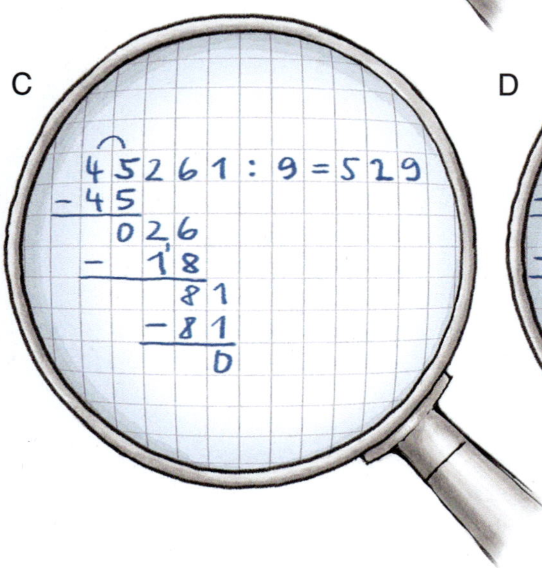

D

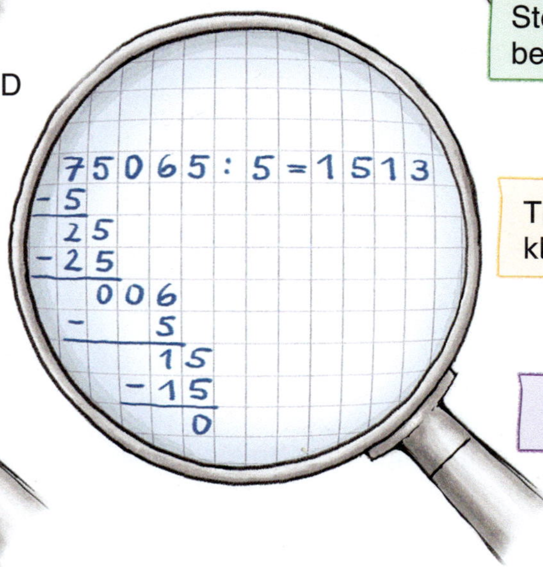

Tipp 1: Immer nur eine Stelle herunterholen und dividieren

Tipp 2: Mit dem Überschlag kontrollieren

Tipp 3: Die Anzahl der Stellen des Ergebnisses bestimmen

Tipp 4: Der Rest muss kleiner als der Teiler sein.

Tipp 5: Pfeile ziehen

5 Ist schon ein Fehler passiert?
Überprüfe und rechne.

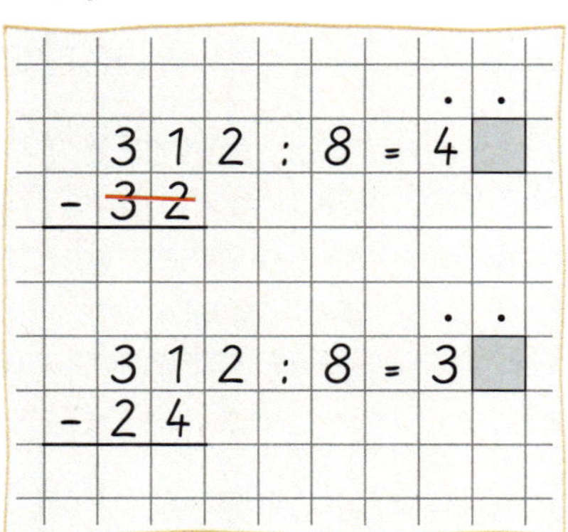

312 : 8 = 4 ..
−32

574 : 7 = 7 ..
−49

1584 : 3 = 5 ...
−15

824 : 8 = 10 ..
−80

616 : 8 = 6 ..
−56

2706 : 6 = 4 ...
−26

6 Dividiere. Denke an die Tipps. Kontrolliere mit der Multiplikationsaufgabe.

a)	b)	c)	d)
4739 : 7	7002 : 9	12148 : 4	8250 : 10
6760 : 5	94014 : 6	75145 : 7	7080 : 10
1005 : 5	15880 : 8	70147 : 7	12050 : 10
7923 : 3	3705 : 5	96018 : 6	198460 : 10

Schriftlich dividieren mit kleinen ...

(1) Löse diese Aufgabe schriftlich. Was stellst du fest?

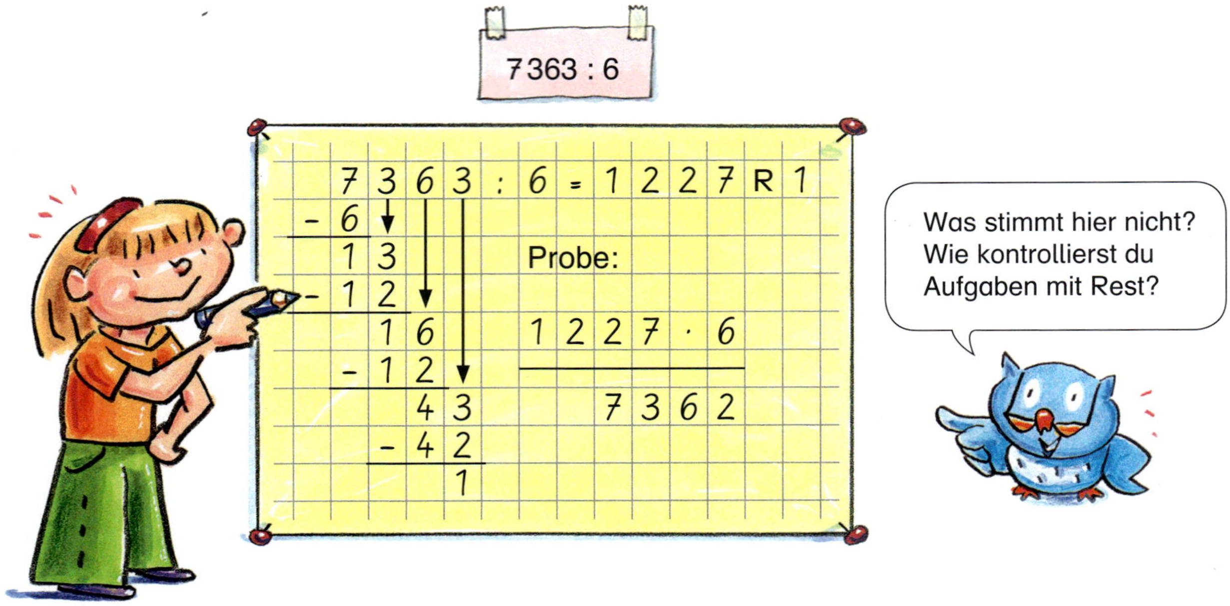

(2) Dividiere schriftlich und kontrolliere.

a) 2136 : 5
3629 : 3
1719 : 4

b) 9976 : 8
7851 : 3
1394 : 6

c) 12679 : 7
18017 : 9
16404 : 4

d) 25394 : 6
27444 : 5
22596 : 7

(3) Fehler beim Teilen mit Rest: Erkläre und rechne richtig.

7311 : 3 = 2436 R 3
769961 : 8 = 96244 R 9
75342 : 8 = 9416 R 6

(4) Rechne jeweils die erste Aufgabe schriftlich.
Kannst du die nächsten Aufgaben lösen, ohne schriftlich zu rechnen?

a) 32112 : 9
32113 : 9
32114 : 9
32115 : 9

b) 32148 : 4
32147 : 4
32146 : 4
32145 : 4

c) 76190 : 5
76192 : 5
76194 : 5
76196 : 5

★ d) 37706 : 3
37709 : 3
37712 : 3
37715 : 3

(5) Rechne.

a) 123 : 5
3203 : 5
1778 : 5
3768 : 5

b) 3751 : 5
966 : 5
12336 : 5
13451 : 5

c) 572 : 5
1657 : 5
3162 : 5
4187 : 5

Was fällt dir auf? Schau dir die Zahlen, die dividiert werden, genau an. Was entdeckst du?

(6) a) Addiere diese fünf aufeinanderfolgenden Zahlen und dividiere das Ergebnis durch 5: 1329, 1330, 1331, 1332, 1333.
Wähle selbst fünf aufeinanderfolgende Zahlen und rechne genauso.
Was fällt dir auf?

b) Addiere nun drei aufeinanderfolgende Zahlen und dividiere das Ergebnis durch 3.

c) Geht das auch mit vier Zahlen? Probiere.

AH S. 58–60

7 Schriftlich oder im Kopf? Entscheide selbst und rechne.

Das ist fast 2000.
Das kann ich im Kopf.
2000 : 2 = 1000,
dann ist …

Ich rechne schriftlich.

8 Schriftlich dividieren – auch durch große Zahlen
Was ist neu? Erkläre.

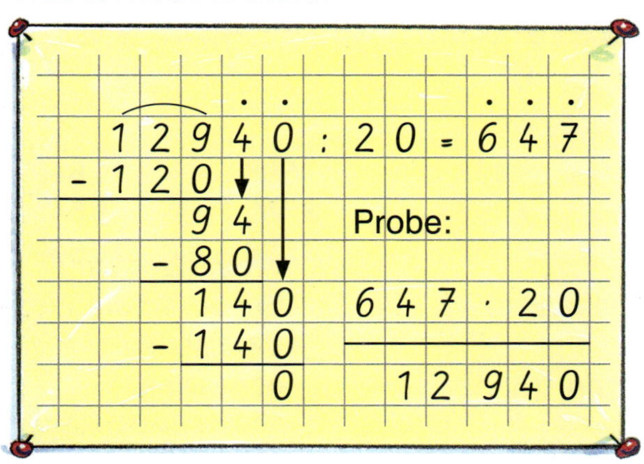

1 : 20 geht nicht. 12 : 20 geht nicht. Ich nehme also auch die dritte Stelle dazu: 129 : 20 = …

9 Rechne und kontrolliere mit der Probe.
Vorsicht: Manchmal bleibt ein Rest.

a)	b)	c)	d)
93 240 : 20	65 850 : 50	91 322 : 11	77 904 : 12
69 420 : 20	33 300 : 50	91 823 : 11	27 456 : 12
116 920 : 20	47 250 : 50	85 547 : 11	96 912 : 12
163 130 : 20	388 865 : 50	13 575 : 11	45 856 : 12

① a) Suche Zahlen, die ohne Rest durch 4 teilbar sind. Schreibe sie auf.
b) Dividiere diese Zahlen durch 4:
428, 936, 399, 2732, 6231, 3948
c) Vergleiche die durch 4 teilbaren Zahlen (kein Rest) von b) mit den Zahlen von a).
d) Finde eine Regel für die Teilbarkeit durch 4.

② Der Teilbarkeit auf der Spur
a) Alle Vielfachen von 100, 1000, … sind durch 4 teilbar. Prüfe nach.

100 : 4 = ☐	1000 : 4 = ☐	10000 : 4 = ☐	…
200 : 4 = ☐	2000 : 4 = ☐	20000 : 4 = ☐	…
…	…	…	…

b) Suche große Zahlen, die durch 4 teilbar sind, und zerlege sie so:

2716 = 2000 + 700 + 16

c) Versuche mit dem, was du jetzt weißt, die Regel für die Teilbarkeit durch 4 zu erklären.

③ Sortiere so: teilbar durch 4 | Rest 1 | Rest 2 | Rest 3

5397	831	12314	98137
6220	772	26083	24926
9334	417	77444	63251

④ ★ Finde für deinen Partner ein Aufgabenpäckchen mit 6-stelligen Zahlen, die durch 4 teilbar sind.

⑤ Dividiere durch 8:

328	124	397	588	649
2328	5124	7397	3588	9649
75328	96124	28397	12588	16649

Was fällt dir auf? Finde eine Regel.

⑥ Welche Vielfachen von 100, 1000, … sind durch 8 teilbar?

⑦ Rechne nur die Aufgaben, bei denen kein Rest entsteht.

7248 : 8	12849 : 8	77984 : 8	4356 : 8
9376 : 8	56428 : 8	24588 : 8	4352 : 8

★ ⑧ Suche verschiedene Zahlen, die ohne Rest durch 8 teilbar sind.

AH S. 61

9 Dividiere durch 3:

7254	12957	4692	29379
8392	76255	8676	83702

10 Um herauszufinden, ob du eine Zahl durch 3 dividieren kannst, musst du die Quersumme bilden.

Das geht so:

7254: $7 + 2 + 5 + 4 = 18$
18 ist die Quersumme von 7254.

a) Bilde die Quersummen der Zahlen von Aufgabe **9**.

b) Kannst du jetzt eine Regel für die Teilbarkeit durch 3 finden?

11 Verändere die Zahlen so, dass sie durch 3 teilbar sind. Rechne.

1856 19754 26468 34777 101101

12 a) Suche gerade Zahlen, die durch 3 teilbar sind.

b) Dividiere diese Zahlen durch 6. Was fällt dir auf?

c) Kannst du jetzt eine neue Regel finden?

13 Überprüfe deine Regel:

a) 17951	b) 62916	c) 90294	d) 99666
26748	30710	106002	66999

14 Dividiere durch 9:

27369	97555	98964	676998
88706	71712	82557	310500

15 a) Bilde die Quersummen der Zahlen von Aufgabe **14**, die ohne Rest durch 9 teilbar sind.
Was fällt dir auf?

b) Versuche, eine Regel zu finden, wann eine Zahl durch 9 teilbar ist.

16 Überprüfe deine Regel:

76509 56097 184580 699909 13563

1 Multipliziere.

a) 6 · 7
6 · 70
6 · 700
6 · 7000

b) 9 · 8
9 · 80
9 · 800
9 · 8000

c) 8 · 9
8 · 9000
8 · 90
8 · 900

d) 4 · 6
4 · 600
4 · 60
4 · 6000

2 Multipliziere schriftlich.

	H	Z	E		
	4	2	3	·	4
		T	H	Z	E
		1	6	9	2

4 mal 3 E = 12 E	2 an, 1 gemerkt
4 mal 2 Z = 8 Z	8 Z + 1 Z = 9 Z; 9 an
4 mal 4 H = 16 H	16 an

a) 217 · 3
424 · 4

b) 512 · 3
216 · 4

c) 383 · 4
268 · 6

d) 431 · 9
527 · 3

3 Überschlage und rechne.

a) 488 · 4
791 · 4
214 · 4
321 · 4

b) 893 · 8
621 · 6
508 · 7
403 · 5

c) 489 · 6
208 · 9
993 · 7
789 · 5

4 Berichtige die Fehler. Welcher Tipp hilft?

A: Gemerktzahlen mit den Fingern zeigen

B: Auf die Stellen achten

C: Multiplikationsaufgaben mit 0 richtig lösen

a) 217 · 2
4214

728 · 5
35140

b) 603 · 4
2452

318 · 3
9324

c) 934 · 3
27102

506 · 8
4128

d) 420 · 9
3789

851 · 6
48306

5 Dividiere.

a)	b)	c)	d)
27 : 9	42 : 7	56 : 8	81 : 9
270 : 9	420 : 7	560 : 8	810 : 9
2700 : 9	4200 : 7	5600 : 8	8100 : 9
27000 : 9	42000 : 7	56000 : 8	81000 : 9

6 Dividiere schriftlich.

```
 H Z E          H Z E
 7 3 6 : 4 =    1 8 4
-4
 3 3
-3 2
   1 6
```

7 H: 4 geht 1 mal, 1 H · 4 = 4 H, 3 H bleiben übrig
33 Z: 4 geht 8 mal, 8 Z · 4 = 32 Z, 1 Z bleibt übrig
16 E: 4 geht 4 mal

a)	b)	c)	d)
735 : 5	8631 : 7	651 : 7	4670 : 3
992 : 4	6318 : 6	2560 : 8	35457 : 5

7 Beachte alle Stellen!

```
 42325 : 5 = 8465
-40
  23
 -20
   32
  -30
    25
```

a)	b)	c)
42325 : 5	23569 : 4	16680 : 3
4606 : 7	22910 : 5	25236 : 6
4514 : 6	19314 : 6	35125 : 5
5697 : 9	36704 : 8	40685 : 9

8 Berichtige die Fehler. Welcher Tipp hilft?

A: Immer nur eine Stelle herunterholen

B: Der Rest muss kleiner sein als der Teiler.

C: Die Anzahl der Stellen des Ergebnisses bestimmen

a)
```
 27368 : 6 = 456
-24
  33
 -30
   36
  -36
    0
```

b)
```
 35266 : 7 = 538
-35
  026
  -21
    56
   -56
     0
```

c)
```
 3031 : 7 = 4213
-28
  23
 -14
   9
  -7
   21
  -21
    0
```

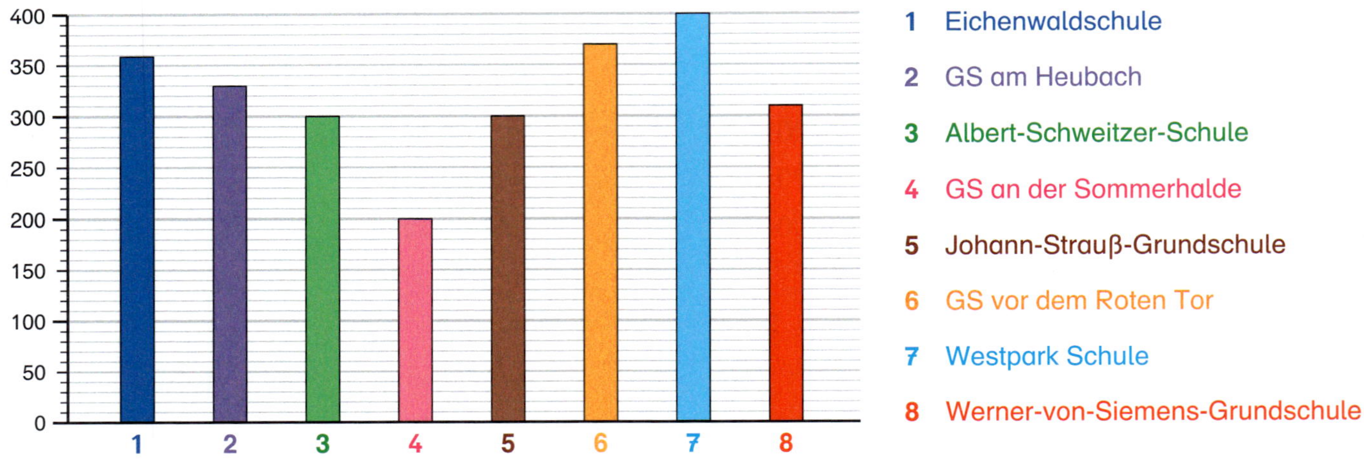

(1) a) Lies die ungefähren Schülerzahlen der einzelnen Grundschulen aus dem Schaubild ab.

b) Am Zahlenstrahl kannst du die genauen Schülerzahlen ablesen.

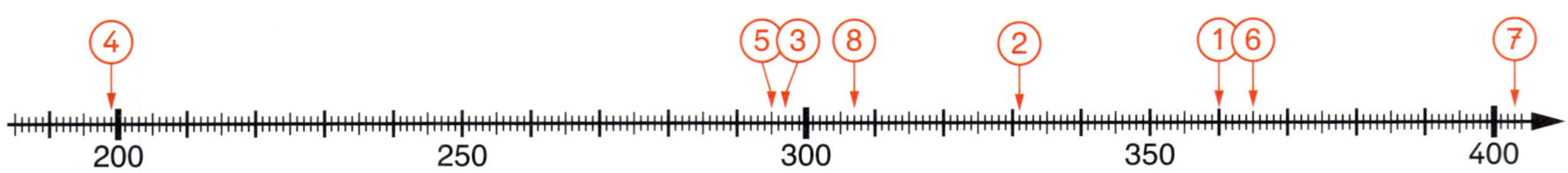

c) Zeichne die Tabelle in dein Heft und trage die ungefähren und die genauen Schülerzahlen ein.

Schule	ungefähre Schülerzahl	genaue Schülerzahl
①	360	360
②	330	331
③		

(2) Die Zahlen für das Schaubild wurden auf „glatte Zehner gerundet“.
Kannst du erklären, wie das funktioniert?

So werden Zahlen gerundet:

363 ≈ 360	229 ≈ 230	305 ≈ 310
414 ≈ 410	408 ≈ 410	207 ≈ 210
386 ≈ 390	332 ≈ 330	351 ≈ 350

≈ Dieses Zeichen heißt „ist ungefähr“.

Beim Runden nehmen wir die Nachbar-Zehnerzahl.
Bei 5 Einern nehmen wir die nächstgrößere Zehnerzahl.

(3) Runde diese Zahlen auf Zehner. Begründe.

a)	b)	c)	d)
423	589	625	544
378	521	846	387
745	286	852	483

(4) Erkundigt euch nach der genauen Schülerzahl eurer Schule.
Rundet die Zahl auf Zehner.
Vergleicht mit dem Schaubild: Seid ihr eine große oder eine kleine Schule?

(5) Schülerzahlen an Baden-Württembergs* Grundschulen

a) Regierungsbezirk Freiburg: 77 335

davon in Freiburg: 7 056

b) Regierungsbezirk Karlsruhe: 88 969

davon in Karlsruhe: 8 689

c) Regierungsbezirk Stuttgart: 139 322

davon in Stuttgart: 18 445

d) Regierungsbezirk Tübingen: 63 813

davon in Tübingen: 2 589

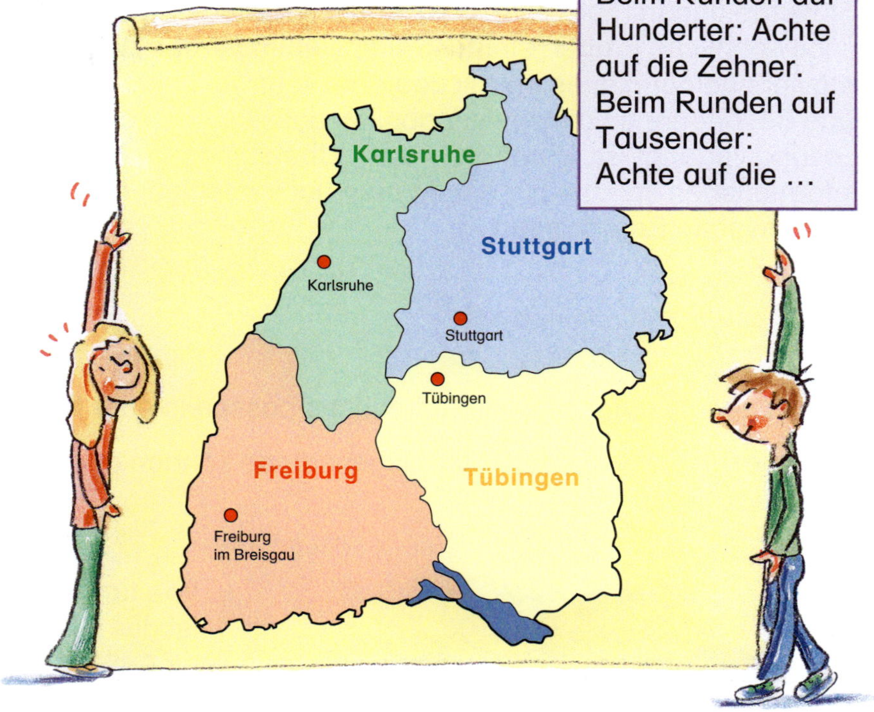

Beim Runden auf Hunderter: Achte auf die Zehner. Beim Runden auf Tausender: Achte auf die …

Runde die Schülerzahlen der Städte auf glatte Hunderter und die Schülerzahlen der Regierungsbezirke auf glatte Tausender. Zeichne Schaubilder zu den Regierungsbezirken und den Hauptstädten.

(6) Schülerzahlen der Grundschulen in den einzelnen Bundesländern**

Baden-Württemberg:	349 900	Niedersachsen:	276 891
Bayern:	405 300	Nordrhein-Westfalen:	595 200
Berlin:	112 549	Rheinland-Pfalz:	132 937
Brandenburg:	76 790	Saarland:	28 130
Bremen:	20 355	Sachsen:	122 700
Hamburg:	56 349	Sachsen-Anhalt:	57 995
Hessen:	194 198	Schleswig-Holstein:	99 869
Mecklenburg-Vorpommern:	48 443	Thüringen:	63 748

Runde die Schülerzahlen auf glatte Zehntausender und ordne sie der Größe nach.

Beim Runden auf Zehntausender: Achte auf die …

(7) Zeichne ein Schaubild.
Überlege: Wie viele Schüler sollen einem Kästchen auf dem Millimeterpapier entsprechen?

* Stand 2014
** Prognose für 2018/19

Enrico Fermi (1901 – 1954) war ein Physiker und Nobelpreisträger. Er wurde dadurch bekannt, dass er seinen Studierenden ungewöhnliche Fragen stellte. Seine Lieblingsfrage „Wie viele Klavierstimmer gibt es in Chicago?" ist sehr bekannt.
Das Besondere an dieser Aufgabe ist, dass keine exakte Lösung verlangt ist. Durch Schätzen, Überschlagen, Messen und Informationen sammeln, gelangt man auf verschiedenen Wegen zu sinnvollen Ergebnissen.

Löst diese Fermi – Aufgaben:

1 Wie viele aufgeblasene Luftballons passen in euer Klassenzimmer?

Diese Überlegungen oder Gegenstände können euch helfen:

Wie lang, breit und hoch ist das Klassenzimmer?

Wie viele Luftballons passen auf den Boden?

Wie viele Luftballons passen auf ein Meterquadrat?

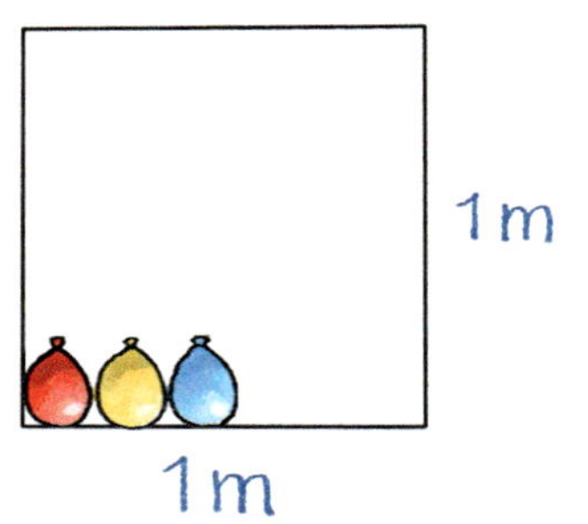

Wie viele Luftballons passen in einen Meterwürfel?

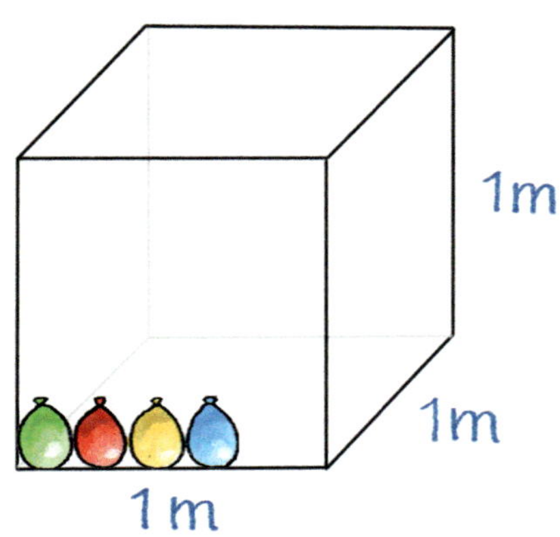

Vergleicht eure Lösungen. Was ist gleich? Was ist anders?
Welche Ergebnisse könnten stimmen?

2 Wie lange würde es dauern, wenn ihr euer Klassenzimmer mit Luftballons füllt?

3 Lea behauptet, dass die Luftballons, die das Klassenzimmer ausfüllen, 1200 € kosten.
Kann das stimmen?

4 Noch mehr Fermi-Aufgaben:

a) Passt 1 Million € in einen Koffer?

b) Wie schwer sind 1 Million Reiskörner?

c) Wie viele Äpfel werden in deiner Schule in einem Jahr gegessen?

d) Passen 1 Million Gummibärchen in euer Klassenzimmer?

e) Erfinde selbst Fermi-Aufgaben in deinem 📖.

Zahlenzauberei mit dem Taschenrechner

1 Wandernde Ziffern

Tippe diese Aufgaben in den Taschenrechner ein.
Notiere die Ergebnisse untereinander.

142 857 ⊠ 1

142 857 ⊠ 3

142 857 ⊠ 2

142 857 ⊠ 6

142 857 ⊠ 4

142 857 ⊠ 5

Betrachte die Ziffern der Ergebnisse.
Was fällt dir auf?

2 Lustige Zahlen – „Schnapszahlen“

a) Rechne:

37 037 ⊠ 15

37 037 ⊠ 18

37 037 ⊠ 21

37 037 ⊠ 24

Mit welchen Zahlen musst du 37 037 multiplizieren, damit du folgende Ergebnisse erhältst:

222 222 444 444 333 333 999 999 111 111

b) Rechne:

15 873 ⊠ 28

15 873 ⊠ 35

15 873 ⊠ 42

15 873 ⊠ 49

Mit welchen Zahlen kannst du 15 873 noch multiplizieren, um weitere Schnapszahlen als Ergebnisse zu bekommen? Probiere.

c) Rechne:

5 291 ⊠ 84

5 291 ⊠ 105

5 291 ⊠ 126

5 291 ⊠ 147

Wie erreichst du die folgenden Ergebnisse?

222 222 333 333 999 999 888 888

d) Rechne:

271 ⊠ 82

271 ⊠ 123

271 ⊠ 164

Wie erreichst du die folgenden Ergebnisse?

11 111 77 777 66 666 88 888 99 999 55 555

3 a) Dividiere jede dieser „Zwillingszahlen“ zuerst durch 7, dann das Ergebnis durch 11 und wieder das Ergebnis durch 13.

524 524	976 976	810 810
123 123	424 424	834 834

b) Was fällt dir auf? Probiere es mit weiteren „Zwillingszahlen“.

c) Hast du eine Erklärung dafür?

4

a) Dividiere jede dieser Zahlen erst durch 13, dann durch 11, 7 und 3.

15 015	27 027	36 036
81 081	45 045	33 033

b) Kannst du das erklären?
c) Findest du weitere Zahlen?

5 a) 1 2 3 4 5 6 7 8 9

- Wähle 3 Ziffern aus.
  Bilde damit alle möglichen dreistelligen Zahlen.
- Addiere die sechs Zahlen.
- Dividiere das Ergebnis durch die Summe der 3 Ziffern.

Beispiel: 7 5 6

$$\begin{array}{r} 765 \\ 756 \\ 675 \\ 657 \\ 576 \\ +\ 567 \\ \hline \square \end{array}$$

$7 + 6 + 5 = 18$

$\square : 18 =$

b) Wähle drei weitere Ziffern. Rechne ebenso.
c) Was fällt dir auf?

6 Lieblingszahl

Wähle eine Zahl von 1 bis 9. Schreibe sie sechsmal nebeneinander auf.
Dividiere diese Zahl durch 3, das Ergebnis dann durch 7, dieses Ergebnis dann durch 11, dieses Ergebnis dann durch 13 und dieses Ergebnis dann durch 37.
Was fällt dir auf?
Probiere es mit einer weiteren Zahl.

7 Nahe an 100 000

Bilde aus den Ziffern 1, 2, 3, 4, 8, 9 zwei dreistellige Zahlen.
Multipliziere diese Zahlen.
Ziel ist es, möglichst nahe an 100 000 zu kommen.
Versuche auch an 200 000 oder 300 000 heranzukommen.

1	2	3	4	5	6	7	8	9	10
11	12	13	14	15	16	17	18	19	20
21	22	23	24	25	26	27	28	29	30
31	32	33				37	38	39	40
41	42	43		45		47	48	49	50
51	52	53		55		57	58	59	60
61	62	63		65		67	68	69	70
71	72	73		75		77	78	79	80
81	82	83				87	88	89	90
91	92	93	94	95	96	97	98	99	100

$$\begin{array}{r} 45 \\ 55 \\ 65 \\ +\ 75 \\ \hline 240 \end{array}$$

L-Fenster

Z-Fenster

I-Fenster

(1) a) Lege jeweils ein Viererfenster auf die Hundertertafel.
Zähle die Zahlen im Fenster zusammen.

b) Suche für jedes Fenster die kleinste und die größte Summe.

c) Erfinde selbst noch andere Viererfenster.
Gib deinen Fenstern Namen.

(2) Fenster verschieben

a) Lege ein Fenster auf die Hundertertafel. Rechne.
Verschiebe das Fenster immer wieder um ein Feld nach rechts und rechne jeweils.
Was fällt dir auf? Erkläre.

b) Verschiebe dein Fenster immer wieder um ein Feld nach links und rechne jeweils.
Was fällt dir auf? Erkläre.

c) Was passiert, wenn du dein Fenster immer wieder nach oben (nach unten) verschiebst?

d) Suche dir einen Partner, der mit einem anderen Fenster gearbeitet hat.
Vergleicht eure Ergebnisse. Was stellt ihr fest?

e) Überlege:
Wie könnte ein Fenster aussehen, bei dem sich das Ergebnis um 5 verändert, wenn es nach rechts geschoben wird?

(3) Einfach rechnen: Verwende das Z-Fenster.

a) Lege es an einer beliebigen Stelle auf das Hunderterfeld.
Addiere die Zahlen.
Addiere nun nur die beiden mittleren Zahlen.
Vergleiche die beiden Ergebnisse.
Rechne mehrere Beispiele. Was fällt dir auf?
Erkläre.

b) Entdeckst du bei anderen Fenstern etwas Ähnliches?

4 a) Warum heißen diese Zahlen ANNA-Zahlen?
Finde weitere ANNA-Zahlen.

b) Wähle 2 Ziffern.
Bilde beide möglichen ANNA-Zahlen.
Subtrahiere die kleinere von der größeren Zahl.
Wähle andere Ziffern, gehe ebenso vor.
Schreibe jede Aufgabe auf einen eigenen Zettel.

4 2

$$\begin{array}{r} 4224 \\ -\,2442 \\ \hline 1782 \end{array}$$

5 6

$$\begin{array}{r} 6556 \\ -\,5665 \\ \hline \_\_\_\_ \end{array}$$

c) Sammelt und ordnet nach den Ergebnissen.
Was fällt euch auf?

Ergebnis 891

$$\begin{array}{r} 6556 \\ -\,5665 \\ \hline 891 \end{array}$$

Ergebnis 1782

$$\begin{array}{r} 4224 \\ -\,2442 \\ \hline 1782 \end{array}$$

$$\begin{array}{r} 6446 \\ -\,4664 \\ \hline 1782 \end{array}$$

Ergebnis ___

Ergebnis ___

Bei den kleinen Ergebnissen …

Das kleinste Ergebnis ist … Das größte …

Es gibt ein Ergebnis mit 1 T, ein Ergebnis mit 2 T, …

Der Unterschied zwischen den Ergebnissen ist …

Tipp: Betrachtet die Ziffern, die in den Aufgaben verwendet wurden. Was stellt ihr fest?

d) Jede Gruppe nimmt Aufgaben zu einem Ergebnis.
Ordnet sie. Fällt euch ein Muster auf?
Habt ihr alle möglichen Aufgaben zu diesem Ergebnis gefunden?
Begründet.

Würfelgebäude – Pläne und Ansichten

1. a) Wie viele Würfel siehst du?
   b) Drehe das Bild: Wie viele Würfel siehst du jetzt?

2. Baue selbst ein Würfelkunstwerk aus Einheitswürfeln.

Victor Vasarely: Collage Axo 1/4

Victor Vasarely, frz. Maler und Grafiker (1906–1997), wurde vor allem wegen seiner geometrischen Kunstwerke berühmt. Diese haben häufig verwirrende optische Wirkungen.

3. Erinnerst du dich? So zeichnet man Pläne zu Würfelgebäuden.

3	2	2
	2	2

Baue selbst Bauwerke und zeichne Baupläne dazu.

4. Welche Baupläne gehören zum jeweiligen Würfelgebäude?

1

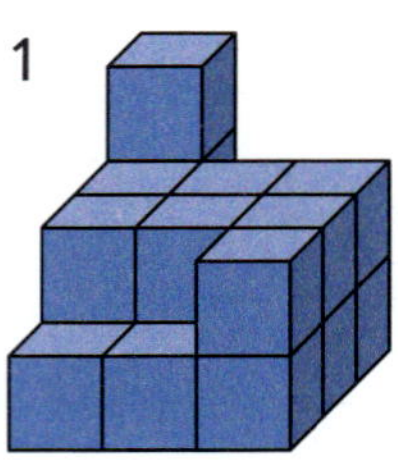

2

3

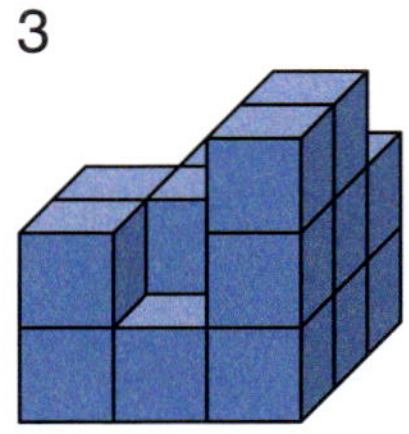

4

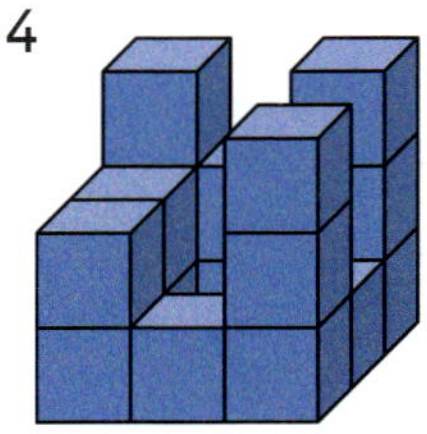

A

	2	2
2	2	3
2	1	3

B

3		
2	2	2
2	2	2
1	1	2

C

3	2	3
2	0	1
2	1	3

D

3	3	
2	2	
4	1	1

AH S. 66

5 Überlegt: Wie sehen die Würfelgebäude aus? Baut nach.

1	1	1	1
2	2	2	1
3	3	2	1
4	3	2	1

2	2	2	2	2
2	1	1	1	2
2	1	0	1	2
2	1	1	1	2
2	2	2	2	2

2	2	2	2
1	1	1	2
0	0	1	2
0	0	1	2
1	1	1	2
2	2	2	2

1	1	1	1	1
1	2	2	2	1
1	2	3	2	1
1	2	2	2	1
1	1	1	1	1

6 So zeichnet man Ansichten von Würfelgebäuden.

von vorne

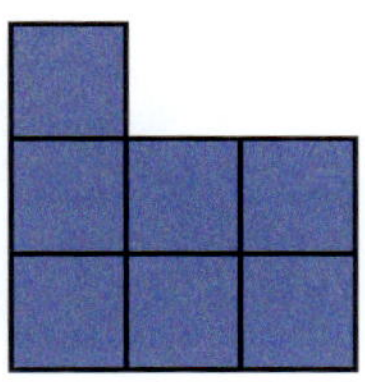

von rechts

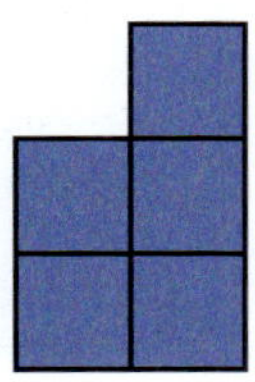

Von welcher Seite siehst du das Bauwerk so?

a)

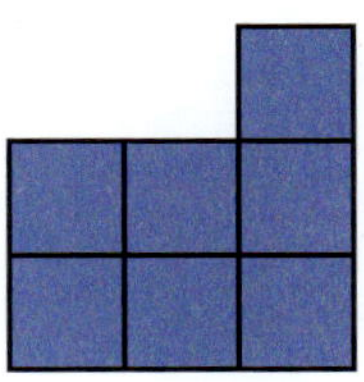

b)

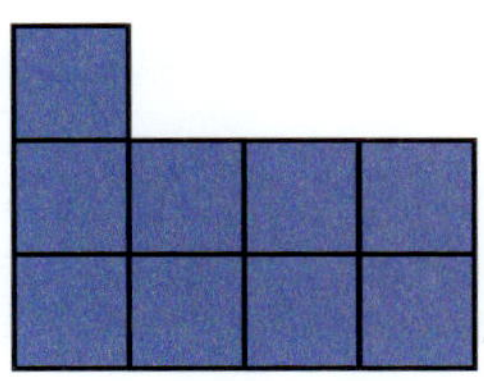

c)

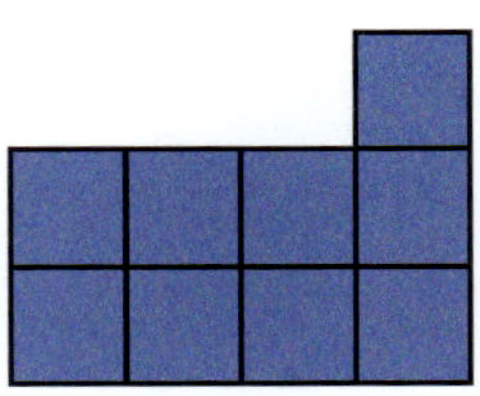

d)

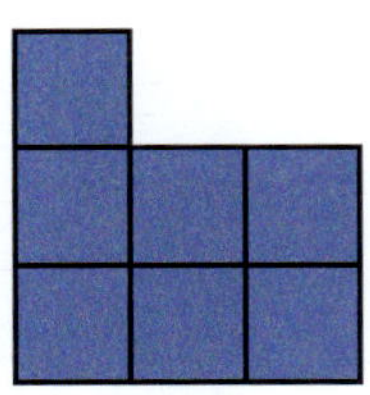

von vorne

von hinten

von rechts

von links

7 Baue nach. Zeichne dazu Pläne und Ansichten von vorne und von rechts.

a)

b)

c)

d)

e)

f) Baue selbst Bauwerke. Zeichne Pläne und Ansichten.

Rauminhalt von Quadern und Würfeln

① Wie viele Einheitswürfel passen in die Schachtel? Erkläre.

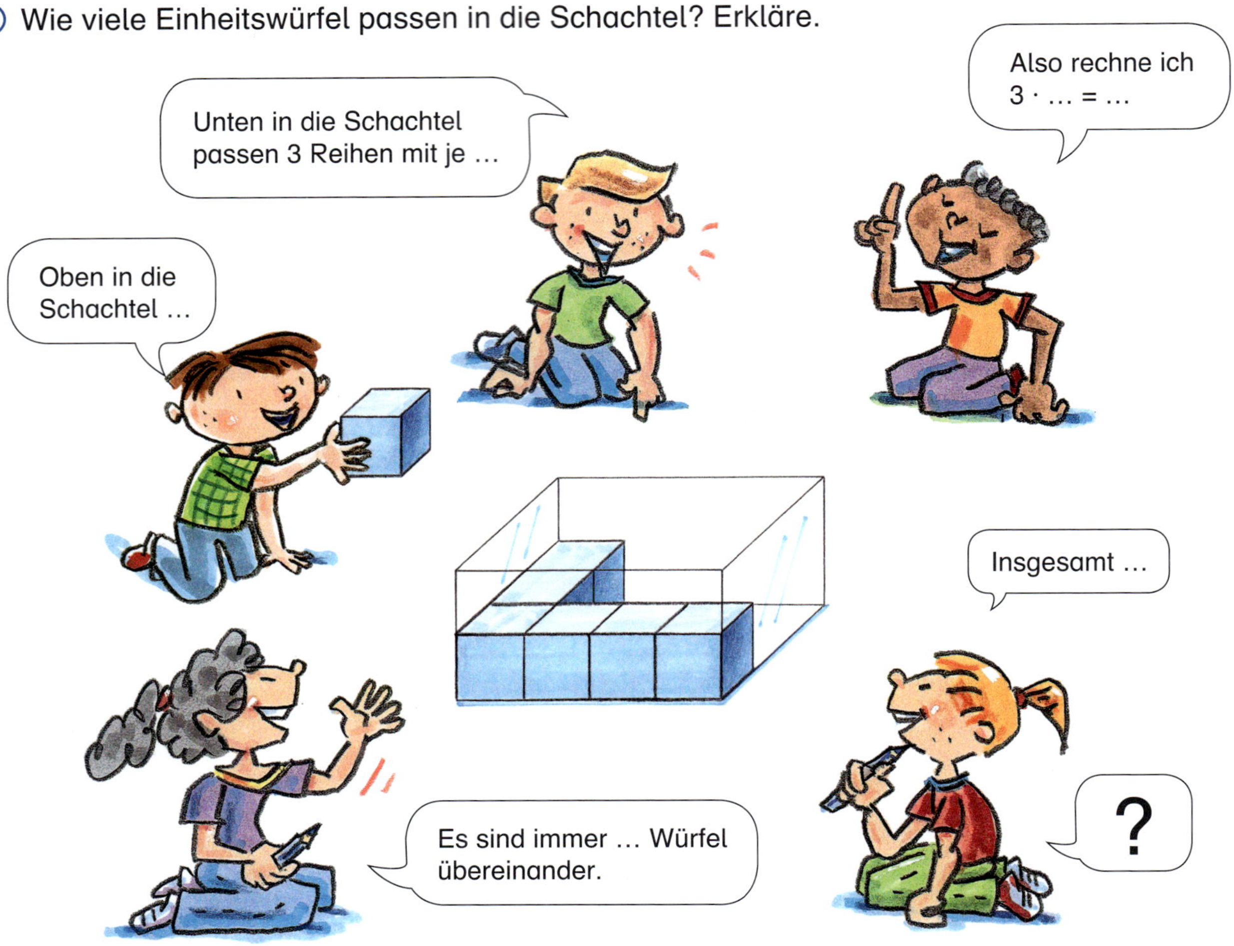

Mit den Einheitswürfeln messen wir den Rauminhalt eines Körpers.

② Mit Würfeln vergleichen

a) Wie viele Würfel passen in jede Schachtel? Rechne geschickt.

A

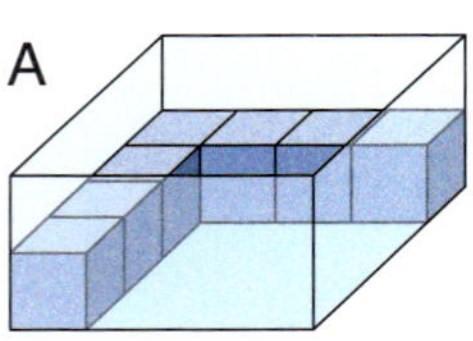

B

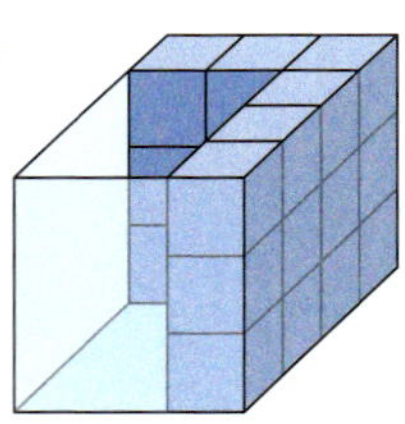

C

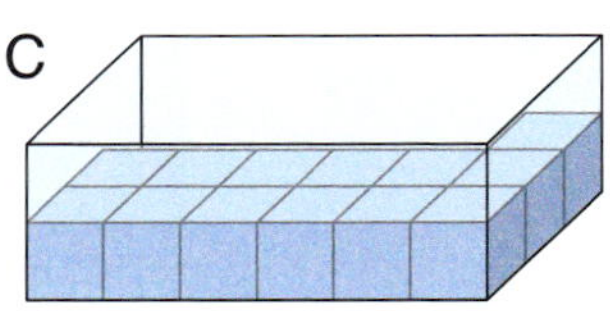

F

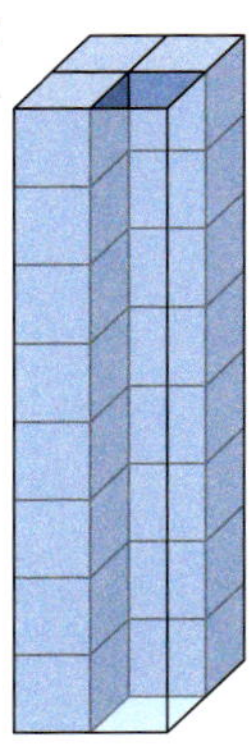

A: 4 · 4 =

…

E

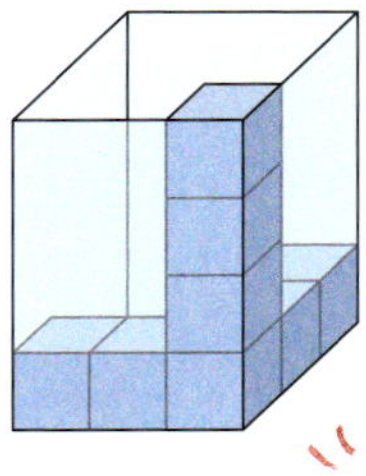

D

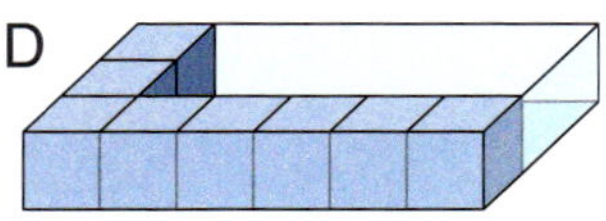

b) Welche Schachteln haben den größten Rauminhalt?
Welche den kleinsten?

AH S. 66

(3) a) Wie viele Würfel wurden jeweils verbaut?

A B C D

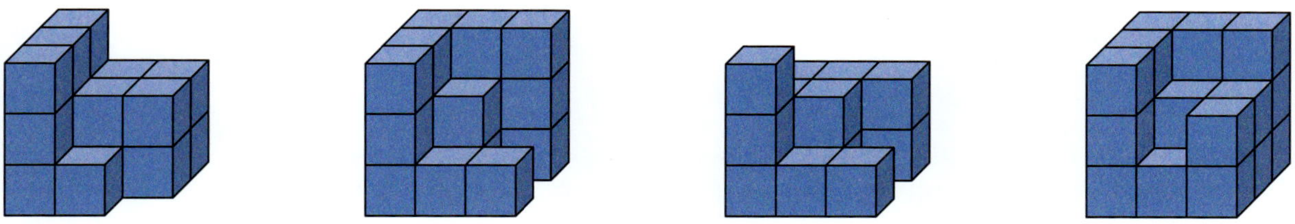

b) Welches Würfelgebäude hat den größten, welches den kleinsten Rauminhalt?

(4) Verschiedene Würfelgebäude

a) Baue nach oder zeichne einen Plan. Wie groß ist der Rauminhalt?

A B C D

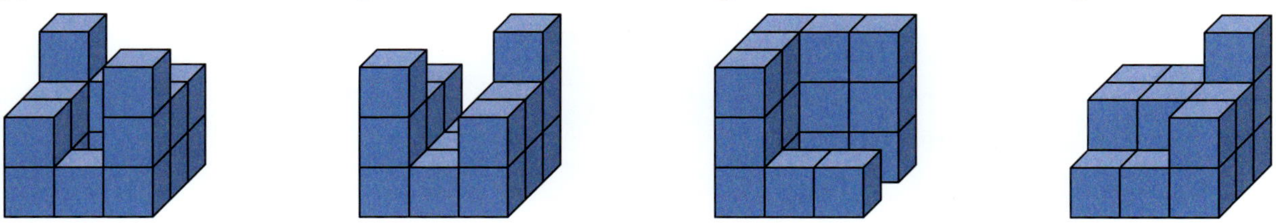

b) Wie viele Einheitswürfel fehlen bei den Würfelgebäuden A, B, C, D jeweils zum großen blauen Würfel?

Was stellst du fest? Warum ist das so?

★ (5) Wie groß ist der Rauminhalt der Würfel?

a)

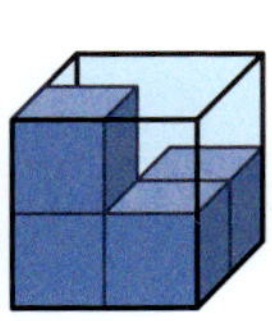

b)

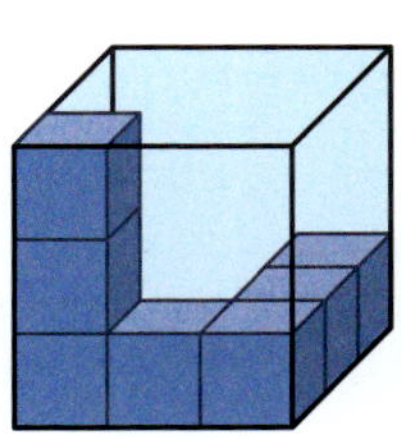

c)

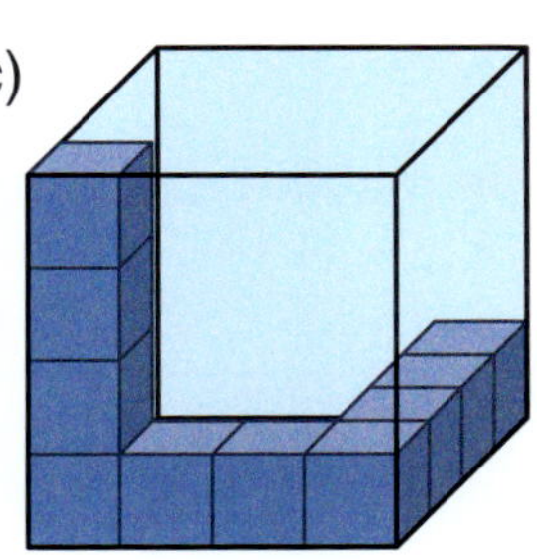

d) …

Ungefähr – aber so genau wie möglich

1 Finde durch eine Überschlagsrechnung die Aufgaben heraus, deren …

a) … Ergebnis unter 30 000 liegt.

b) … Ergebnis über 100 000 liegt.

503 · 62	503 · 36	503 · 205	503 · 81
503 · 47	503 · 122	503 · 396	503 · 68

2 a) Welcher Überschlag ist jeweils der genaueste? Vermute.
Überprüfe durch Nachrechnen.

366 · 55

b) Wie ist es hier? Erkläre, wie du jeweils geschickt überschlägst.

169 · 84	784 · 48	212 · 31	771 · 35
200 · 90	800 · 50	300 · 40	800 · 40
100 · 80	700 · 40	200 · 30	700 · 30
200 · 80	700 · 50	200 · 40	800 · 30

3 Überschlage möglichst geschickt und überprüfe durch Nachrechnen.

	6	4	·	5	1	=					
Ü:	6	0	·	5	0	=	3	0	0	0	

a)	b)	c)	d)
64 · 51	281 · 39	414 · 22	916 · 75
37 · 95	456 · 34	592 · 19	217 · 32
44 · 55	312 · 28	145 · 56	521 · 59

4 Drei Fehler! Finde sie mithilfe des Überschlags.

537 · 9 = 4833	357 · 45 = 25 615	578 · 38 = 2194
541 · 48 = 25 968	395 · 31 = 1580	234 · 45 = 10 530

5 Immer zwei Überschläge helfen weiter. Begründe.

783 : 9	3744 : 6	5224 : 8	2296 : 7
720 : 9	3600 : 6	5600 : 8	2100 : 7
810 : 9	4000 : 6	4800 : 8	2000 : 7
800 : 9	4200 : 6	5000 : 8	2800 : 7

Tipp: Suche immer eine Zahl, die du gut teilen kannst.

6 Zweimal überschlagen

Finde für jede Aufgabe die zwei Überschläge.
Rechne schriftlich oder mit dem Taschenrechner.

a)	b)	c)	d)
3056 : 4	3942 : 6	22850 : 5	22335 : 3
5236 : 7	4825 : 5	48860 : 7	69408 : 8
3752 : 7	3752 : 8	27360 : 6	29704 : 4
3060 : 5	5061 : 7	59130 : 9	53571 : 7

7 Überschlage geschickt.

a)	b)	c)	d)
3256 : 4	5397 : 7	19776 : 3	41796 : 6
6352 : 8	4445 : 5	28413 : 9	12640 : 5
6984 : 9	8307 : 9	76698 : 9	64127 : 7
5523 : 7	5382 : 6	63176 : 8	31852 : 4

8 Vier Fehler! Finde sie mithilfe des Überschlags.
Rechne alle Fehleraufgaben nach.

5958 : 6 = 657

5112 : 9 = 568

16695 : 7 = 238

30240 : 4 = 756

36990 : 3 = 12330

7144 : 8 = 673

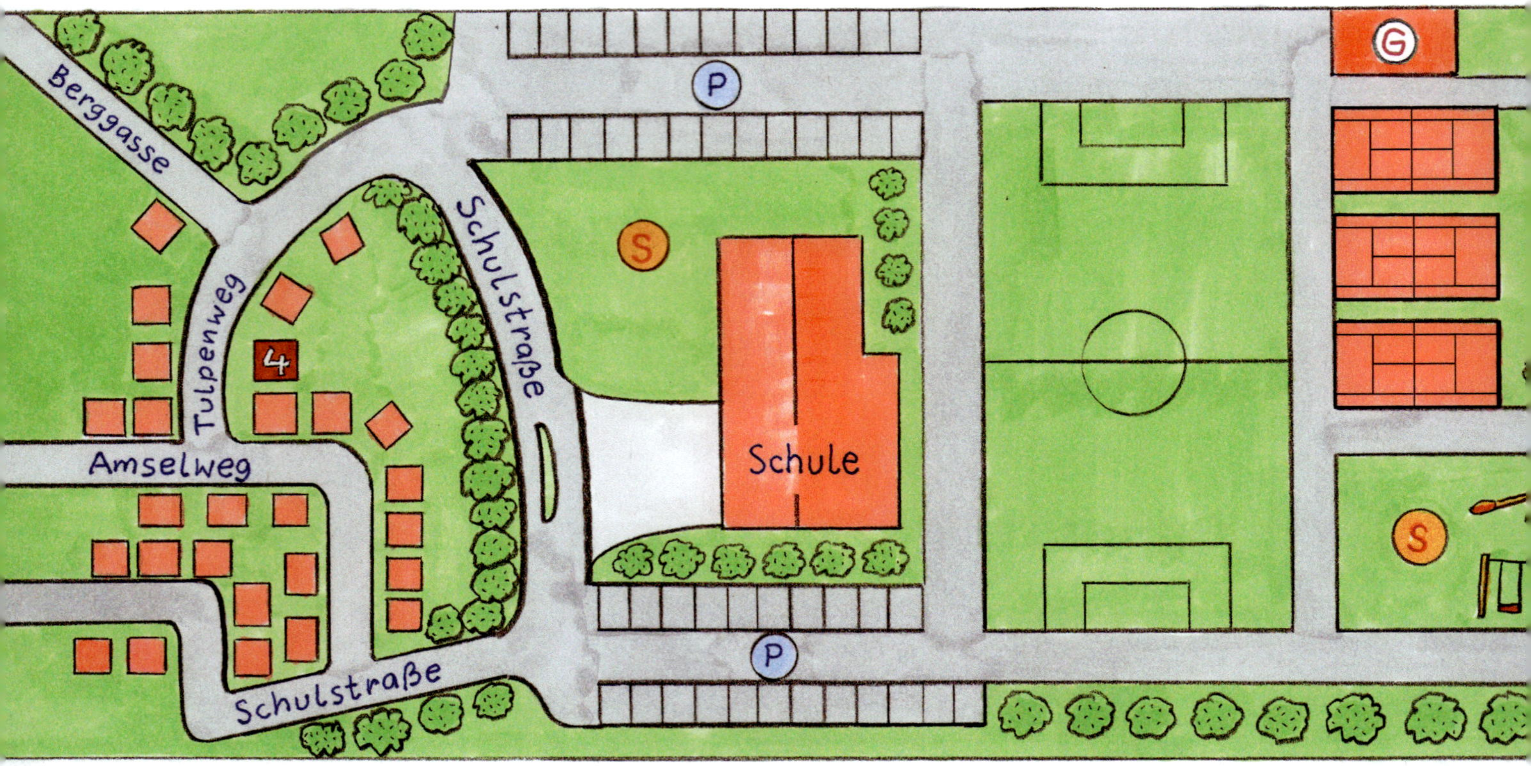

10 20 30 m

Gebäude | Felsen | Spielplatz
Gebüsch/Wald | Parkplatz | Gaststätte

links von | rechts von | vor | hinter

1. Was kannst du auf dem Plan alles erkennen? Beschreibe.

2. Wie lang und wie breit sind diese Dinge ungefähr in Wirklichkeit? Schreibe auf.

die Schule | der Sportplatz | ein Tennisplatz | der See | ?

3. Du stehst am Eingang der Schule.
   a) Wie kommst du zum Gasthaus am See? Beschreibe mehrere Wege.
   b) Wie lang ist der kürzeste Weg ungefähr in Wirklichkeit? Vergleiche mit Entfernungen in deiner Umgebung.

Ich biege …
… links ab.
… rechts ab.

Nach der Brücke …

An der nächsten Kreuzung …

Ich gehe … Meter geradeaus.

Ich gehe nach Norden …

4. Ben wohnt am Tulpenweg 4.
   a) Wie könnte er zur Schule gehen? Beschreibe mehrere Wege.
   b) Wie lang ist der kürzeste Weg ungefähr in Wirklichkeit? Vergleiche mit Entfernungen in deiner Umgebung.
   c) Wie viel Zeit könnte er zu Fuß für diesen Weg brauchen?

5. Findet eigene Aufgaben.

Schätze finden

(6) Ben macht für seine Freunde eine Schatzsuche und hat kleine Überraschungen versteckt. Zeige auf dem Plan, wo die Überraschungen liegen.

Start: Tulpenweg 4

Gehe den Tulpenweg nach Süden bis zum Amselweg.

Biege links ab und gehe bis zur Schulstraße. An dieser Kreuzung gehst du links, dann weiter über den Parkplatz und am Fußballplatz vorbei.

Am Ende des Fußballplatzes biegst du links ab. Nimm den nächsten Weg rechts. Nach etwa 30 Metern findest du links im Gebüsch den Schatz.

Start: Tulpenweg 4

Biege rechts in den Tulpenweg ein und gehe an der Schulstraße vorbei bis zum Parkplatz.

Gehe über den ganzen Parkplatz, am Fußballplatz und am Gasthaus vorbei.

Überquere den Bach und gehe nach rechts weiter. Nimm den 2. Weg nach links.

Nach etwa 30 Metern findest du den Schatz links hinter einem Felsen.

Start: Tulpenweg 4

Gehe den Tulpenweg nach Norden und biege rechts in die Schulstraße ein. Folge ihr nach Süden und biege nach der Schule links ab.

Gehe am Fußballplatz hinter dem Tor vorbei und nimm den 2. Weg nach links. An der nächsten Kreuzung gehst du rechts. Folge dem Weg etwa 30 Meter und gehe dann nach links 10 Meter in den Wald hinein. Hier liegt der Schatz.

(7) Erstelle selbst einen Plan von deiner Schulumgebung oder deinem Pausenhof.

(8) Verstecke wie Ben eine kleine Überraschung und erstelle eine Wegbeschreibung für deinen Partner.

Findet dein Partner den Schatz?

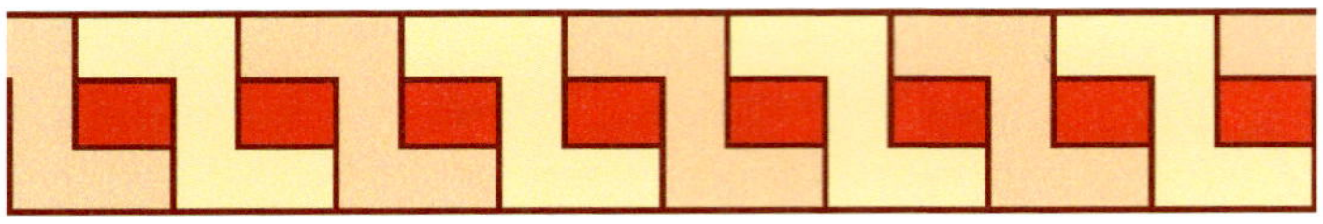

mexikanisches Ornament

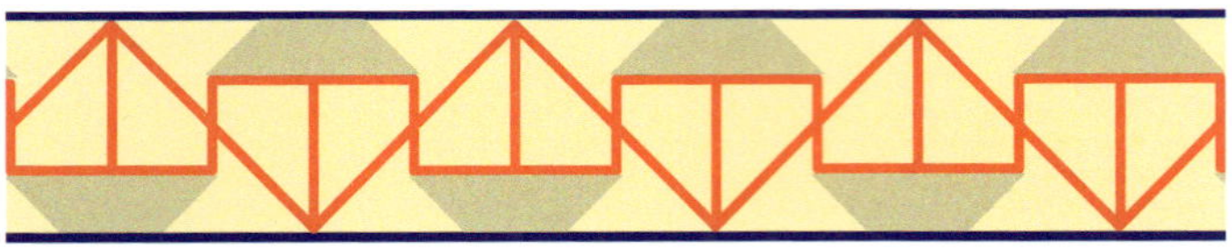

persisches Ornament

maurisches Ornament

① Betrachte die Ornamente. Beschreibe sie.

… Vierecke …

… Achtecke …

… auf den Kopf gestellt …

… symmetrisch …

… immer wieder gleiche Teile …

… nach links und rechts fortgesetzt …

… parallele Linien …

?

② a) Zeichne selbst ein Ornament. Finde verschiedene Möglichkeiten.

Verwende:

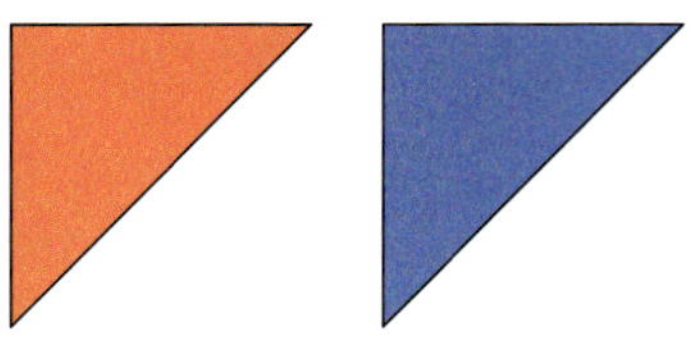

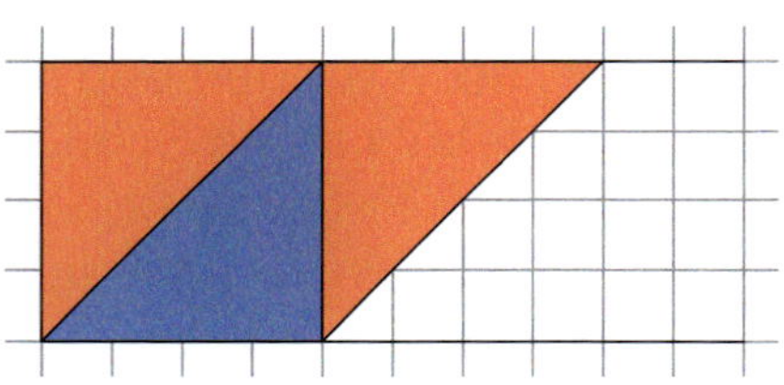

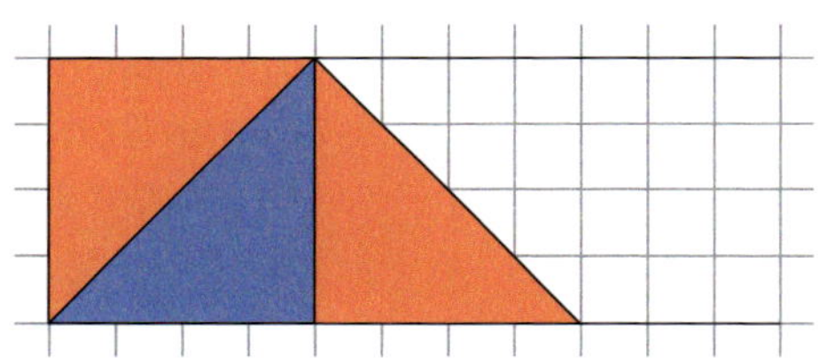

b) Vergleicht und beschreibt eure Ornamente.

③ a) Betrachte dieses Ornament und beschreibe es.

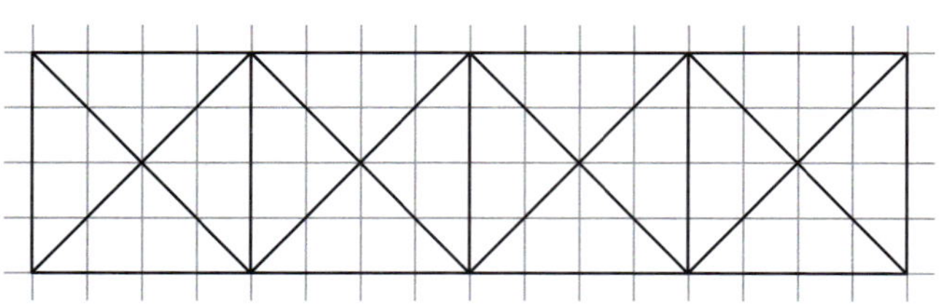

Das Wort „Ornament“ leitet sich vom lateinischen Wort „ornare“ ab. Das bedeutet schmücken.

b) Finde diese Figuren im Ornament. Erkläre.

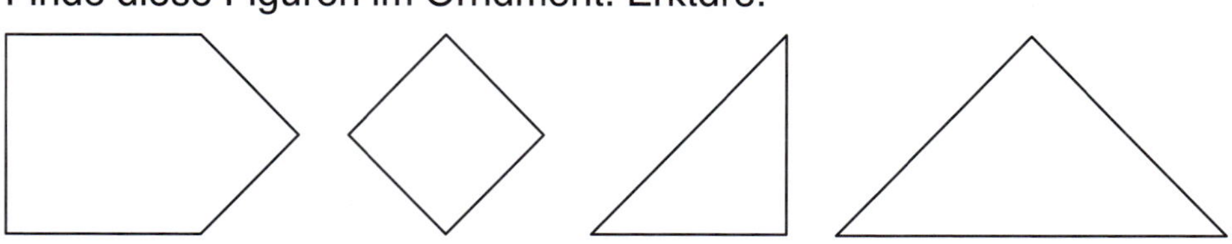

c) Zeichne das Ornament von a). Setze es fort. Verwende ein Lineal oder zeichne frei. Färbe mit 2 Farben.

Finde verschiedene Möglichkeiten.

AH S. 67

griechisches Ornament

römisches Ornament

ägyptisches Ornament

(4) Bandornamente können symmetrisch sein.

senkrecht

waagrecht

a) Untersuche die oben abgebildeten Bandornamente mit dem Spiegel:

- In welchen Ornamenten findest du Spiegelachsen? Wo liegen sie? Beschreibe.
- Welche Ornamente sind nicht symmetrisch? Begründe.

b) Suche in diesem Ornament die Spiegelachsen.

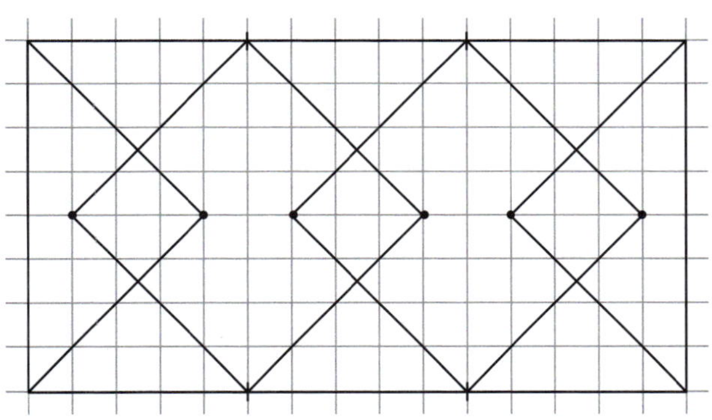

c) Zeichne das Ornament. Färbe so, dass es symmetrisch ist.

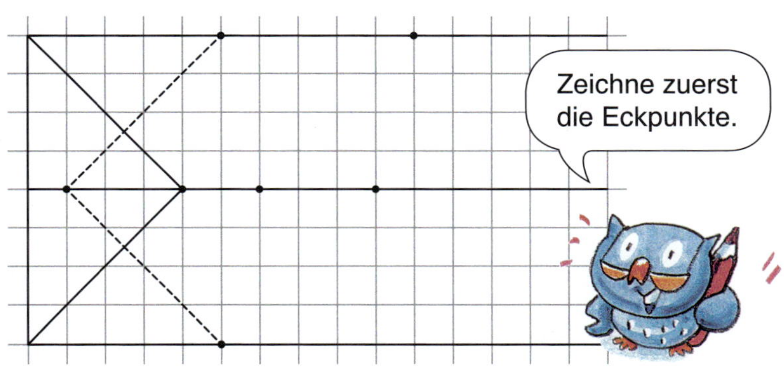

(5) Zeichne diese Ornamente. Beschreibe, wie du vorgehst.

a)

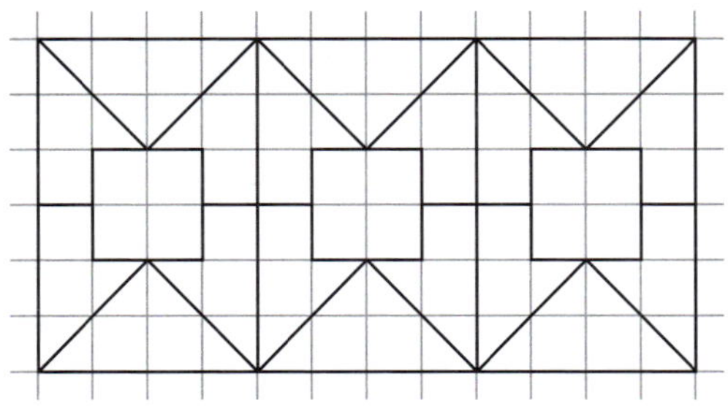

b)

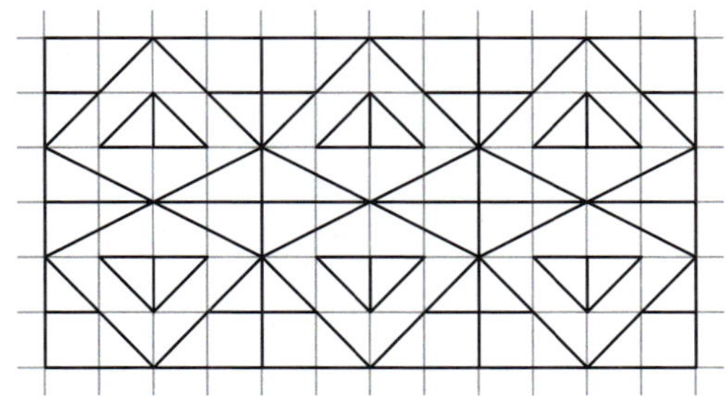

Färbe so, dass deine Ornamente 1 oder 2 Spiegelachsen haben.

(6) Erfinde selbst Muster in deinem .
Färbe so, dass sie symmetrisch sind.

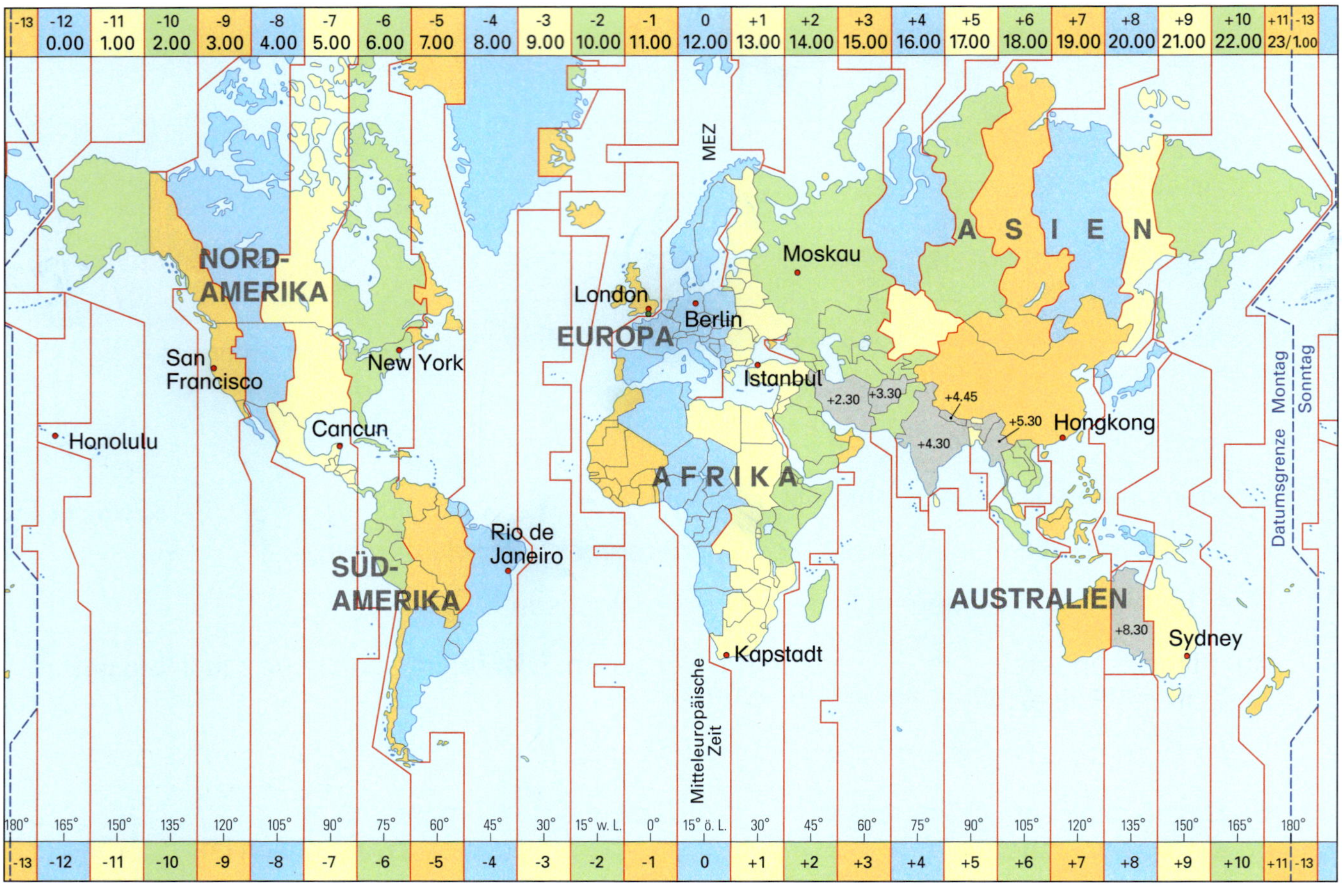

Die Welt ist in Zeitzonen eingeteilt. Diese orientieren sich an den Längengraden der Erde. Auf dieser Karte siehst du die verschiedenen Zeitzonen. Der grüne Punkt auf dem Null-Meridian[1] markiert den Londoner Stadtteil Greenwich. Von dort aus wird nach Osten je 15 Grad Länge jeweils 1 Stunde dazugezählt, nach Westen wird je 15 Grad Länge 1 Stunde abgezogen. Nur wenige Länder weichen von dieser Regel ab.
Die Uhrzeit, die gerade an einem Ort herrscht, nennt man Ortszeit. Deutschland liegt in der mitteleuropäischen Zeitzone (MEZ). Die weltweit gültigen Zeitzonen wurden im Jahr 1884 eingeführt.

1 Der Nullmeridian wird auch Ausgangsmeridian genannt. Er ist der Startpunkt für die Zählung der Längengrade.

(1) Welche Informationen könnt ihr der Karte und dem Text entnehmen?

(2) Schreibt Fragen zur Karte und zum Text. Ordnet sie:

1 + 1	(Auge)	i
Fragen, bei denen wir rechnen müssen	Fragen, die wir sofort beantworten können	Fragen, für die wir noch mehr Informationen benötigen

(3) Löse die Aufgaben, bei denen man rechnen muss.

- Welche Information findest du am interessantesten?
- Willst du noch mehr wissen?
- Informiere dich in Büchern, Zeitschriften oder im Internet.

AH S. 68/69

4 Welche Ortszeit herrscht in den eingezeichneten Städten, wenn …

a) … es bei uns 12 Uhr mittags ist? Schreibe in eine Tabelle:

Stadt	Ortszeit	Zeitunterschied zur MEZ
Berlin	12 Uhr	0 h
London	11 Uhr	– 1 h (1 Stunde zurück)

b) … bei dir die Schule beginnt, wenn du zu Mittag isst, wenn du …? Schreibe so:

Stadt	Zeitunterschied zur MEZ	Ortszeiten		
Berlin	– 0 h	8 Uhr	13.30 Uhr	
London	– 1 h	7 Uhr		

5 Auf Flugreisen erreicht man auch andere Zeitzonen. Die Zeitverschiebung muss bei der Ankunft am Reiseziel berücksichtigt werden.

a) Ein Passagierflugzeug startet um 12.05 Uhr in Frankfurt. Die Flugzeit nach London beträgt 90 Minuten. Wann kommt es in London (Ortszeit) an? Eine Skizze kann dir helfen.

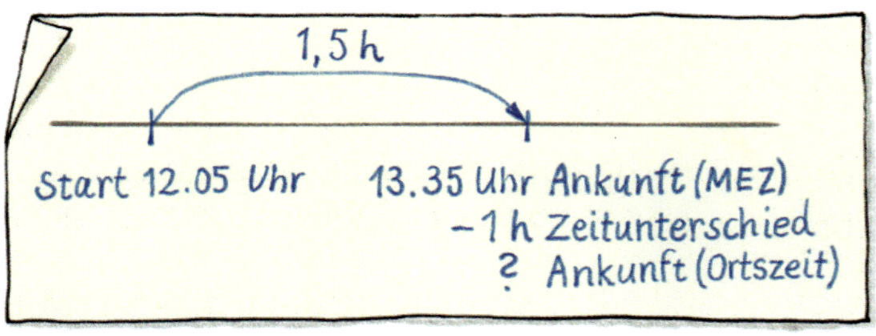

b) Ein Flugzeug startet um 16.10 Uhr in Frankfurt. Die Flugzeit nach San Francisco beträgt ca. 12 Stunden.

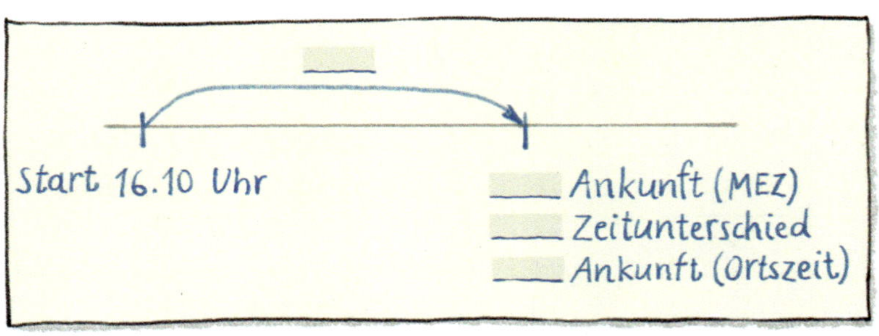

c) Erfinde eigene Aufgaben für dein 📖.

6

a) Emilias Papa ist gerade in Hongkong. Emilia überlegt in der Pause um 9.30 Uhr, wie spät es jetzt bei Papa ist.

b) Pauls Onkel und Tante sind im Urlaub in Rio de Janeiro. Paul überlegt: Wie spät ist es bei uns, wenn die beiden um neun Uhr frühstücken?

c) ?

Sommerzeit – Ferienzeit

1 Quirin und seine Freunde Maria und Nikolai machen zu Hause Urlaub. Sie wollen an einem verregneten Nachmittag im Kickertreff Fußball spielen.
Die drei informieren sich über den Preis.

a) Erstelle eine Tabelle für die drei Freunde.
Überlege, wann wird es günstiger, wann teurer für jeden?

Anzahl Kinder	Gesamtpreis	Preis für jeden
3	60 €	20 €
4	60 €	15 €
5	60 €	
6	60 €	

b) Überlege auch, wie viel jeder bezahlen muss, wenn die Freunde am Samstag in den Kickertreff gehen.

2 Der Sportverein macht einen Tagesausflug ins Freizeitbad. Im Bus haben 50 Personen Platz. Er kostet für den ganzen Tag 240 €.

a) Wie viel muss eine Person für den Bus bezahlen, wenn 20, 30, 40, … Personen mitfahren?
Erstelle eine Tabelle für die Buskosten.

Anzahl Personen	Gesamtkosten	Fahrtkosten pro Person
20	240 €	12 €
30	240 €	
40	240 €	

b) Beim Eintritt kann auch eine Gruppen-Tageskarte gewählt werden. Ab wie vielen Kindern ist die Gruppen-Tageskarte günstiger?

c) Berechne die Gesamtkosten für Bus und Eintritt für jedes Kind, wenn 20, 30, 40 oder 50 Kinder mitfahren.

★ d) Überlege auch, wie hoch die Kosten sind, wenn 70 Kinder mitfahren wollen.

AH S. 70

③ a) Familie Huber plant einen Urlaub in Meersburg am Bodensee.
Wie teuer ist der Urlaub im Ferienhaus für Julia und ihre Eltern?

Preise für das Haus (€ pro Tag)

	Nebensaison	Hauptsaison	Wintersaison
2 Personen	75 €	95 €	60 €
4 Personen	90 €	110 €	75 €
6 Personen	132 €	153 €	120 €

Die Preise verstehen sich inklusive Nebenkosten.
Zzgl. Endreinigung 50 € und Kurtaxe (2 € pro Person und Tag). Bettwäsche kann für eine Gebühr von 5 € gestellt werden. Zweiter Autostellplatz 15 €.

Wir wollen 14 Tage in der Hauptsaison bleiben.

b) Amelies Familie fährt auch mit.
Was kostet jetzt der Urlaub von Familie Huber?

c) Plane Ausflüge für die beiden Familien. Was würde dir gefallen?
Suche im Internet noch mehr Ausflugsziele in der Nähe von Meersburg.

Können Amelie und ihre Eltern auch mitfahren?

Affenberg Salem: Berberaffen im Wald treffen und beobachten, geöffnet täglich 6 – 18 Uhr
Eintritt: Erwachsene 8,50 €
Kinder bis 5 Jahre: frei, Kinder ab 6 Jahren: 5,50 €

Insel Mainau: Blumen, Schmetterlinge, exotische Bäume

geöffnet täglich von Sonnenaufgang bis Sonnenuntergang

Eintritt:
Erwachsene: 19 €
Kinder bis 12: frei
Kinder ab 13: 11 €

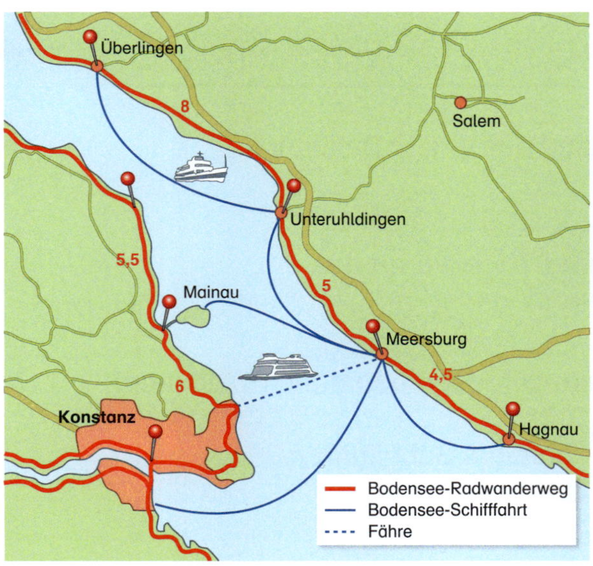

Pfahlbauten, Unteruhldingen: Häuser auf Pfählen im Wasser

geöffnet täglich
9 – 18.30 Uhr

Eintritt:
Erwachsene: 9 €
Kinder bis 5: frei
Kinder ab 6: 6 €

Bodensee-Schifffahrt ——
Meersburg → Mainau
10.25 Uhr → 10.45 Uhr
11.25 Uhr → 11.45 Uhr

Mainau → Meersburg
14.45 Uhr → 15.05 Uhr
15.50 Uhr → 16.10 Uhr

Bodensee-Radweg rund um den See ——
Meersburg – Lindau – Bregenz – Konstanz
ca. 130 km
Meersburg – Hagnau: 4,5 km

Anzahl der Unterrichtsstunden in einer Schulwoche

Fach	Jgst. 1	Jgst. 2	Jgst. 3	Jgst. 4
Religionslehre	2	2	2	2
Deutsch	6	7	8	7
Englisch	2	2	2	2
Mathematik	5	5	5	6
Sachunterricht	3	3	3	3
Musik	1	1	2	2
Kunst/Werken	1	2	2	2
Sport	3	3	3	3
Insgesamt	**23**	**25**	**27**	**27**

1 Schuljahr hat …
- … 190 Schultage,
- … 38 Schulwochen.

1 Schulstunde hat 45 Minuten.

1 Jahr hat …
- … 365 Tage,
- … 52 Wochen.

1 Stunde hat 60 Minuten.

1 Minute hat 60 Sekunden.

(1) a) Wie viele Sportstunden hast du in 4 Grundschuljahren?

Sport in Klasse 1 in einer Woche: 3 Schulstunden

Sport in Klasse 1 in einem Jahr: $3 \cdot 38 = 114$ Schulstunden

Sport in 4 Jahren: …

…

b) Wie viele Minuten sind das in 4 Schuljahren, wie viele Stunden?

Eine Schulstunde hat 45 min, also 45 mal …

c) Wie viele Wochen und Tage wären das an einem Stück hintereinander?

24 Stunden Sport an einem Tag. 24 mal 7 = … Stunden Sport in einer Woche …

d) Bei jeder Sportstunde vergehen ungefähr 15 Minuten für das Umkleiden. Wie viel Zeit bleibt dann in 4 Schuljahren noch für den Sport übrig?

Dann sind das nur … Stunden Sport statt …

(2) Findet eigene Fragen und rechnet. Stellt eure Ergebnisse in der Klasse vor.

3 Überlege, wie viel Zeit man in 4 Jahren Grundschule mit Schlafen verbringt.

Alter	täglicher Schlafbedarf in Stunden
5 bis 9 Jahre (1. bis 3. Kl.)	11 h
10 bis 14 Jahre (4. Kl.)	9 h

a) Erik berechnet, dass ein Kind in 4 Jahren in der Grundschule 532 Stunden mit Schlafen verbringt.
Überschlage. Kann das stimmen?

b) Löse selbst.
So hat Erik gerechnet:

38 Schulwochen Klasse 1 – 3		38 Schulwochen Klasse 4	
1 Woche	77 h	1 W	63 h
10 Wochen	770 h	10 W	630 h
30 W	2 310 h	30 W	1 890 h
8 W	616 h	8 W	504 h
38 W	2 926 h	38 W	2 394 h

2 926 h + 2 394 h = 5 320 h

Vergleiche mit deiner Lösung. Was ist gleich, was ist anders? Entdeckst du Fehler?

4 Schulweg-Aufgaben: Kann das stimmen? Begründe.

a) Clara wohnt 1 km von der Schule entfernt.
Sie geht den Weg jeden Tag zu Fuß.
In den 4 Grundschuljahren ist sie 1520 km gegangen.

b) Vincent fährt jeden Tag mit dem Bus zur Schule.
Hinweg und Rückweg betragen insgesamt 14 km.
Er war in 4 Schuljahren 15 Tage krank.
In den 4 Schuljahren ist er 2450 km gefahren.

c) Amelie braucht für den Hinweg zur Schule 10 min und für den Rückweg, den sie mit ihrer Freundin geht, 15 min.
In 4 Jahren sind das 19 000 Minuten.

d) Erfinde eine Aufgabe zu deinem Schulweg.

1

10 000	
3 000	
5 000	
8 500	
9 544	

2

100 000	
25 000	
60 000	
32 000	
77 400	
81 980	

3

1 000 000	
400 000	
280 000	
125 000	
900 001	
870 900	

4 Eine Zahl – drei Schreibweisen.

	M	HT	ZT	T	H	Z	E	
900 406		9	0	0	4	0	6	9 HT, 4 H, 6 E
		3	9	0	0	2	7	
								3 ZT, 3 T, 4 Z
★ 1 050 497								
								1 M, 2 Z

5 Zähle in Schritten.

a) 67 000, 68 000, ... 75 000

b) 999 100, 999 200, ... 1 000 000

6 Verdopple.

500 000 150 000
430 000 275 000

7 Halbiere.

500 000 401 000
250 000 380 500

8

a)
7 · 9
70 · 8
700 · 4
7000 · 3

b)
4 · 6
8 · 600
20 · 600
300 · 600

c)
8 · 4
80 · 30
800 · 70
8000 · 50

AH S. 71/72

9 a)
32 : 4
320 : 4
3200 : 40
320000 : 4

b)
56 : 7
560 : 70
560000 : 7
56000 : 7000

c)
63 : 9
630 : 9
6300 : 900
6300 : 90

10 Bilde Additions- und Subtraktionsaufgaben.

263924 (+)
524073 (−)

4000
200
50000
30
300000
9

11 Rechne schriftlich.

462319	207594	446244
+ 209684	+ 608728	+ 20688
572345	900468	753980
− 161829	− 294136	− 176940

12 Multipliziere.

536 · 3
397 · 8
1483 · 6
418 · 7
506 · 5
2929 · 8

13 Dividiere.

25632 : 4
76440 : 3
52479 : 9
16356 : 6

parallel
senkrecht
rechter Winkel

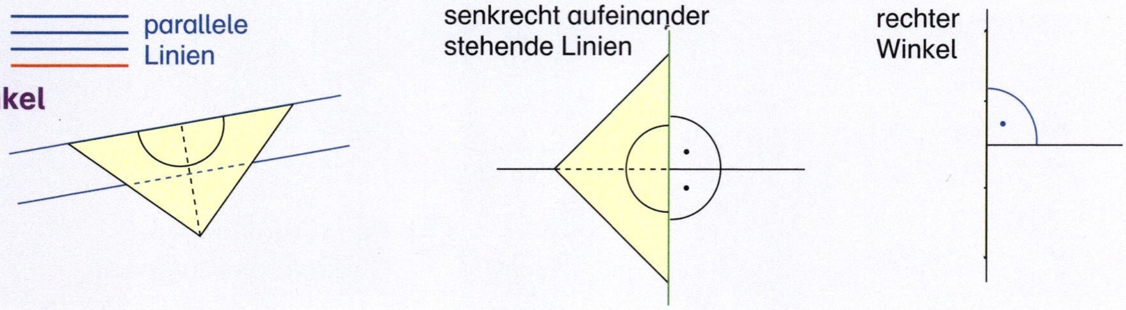

Symmetrie

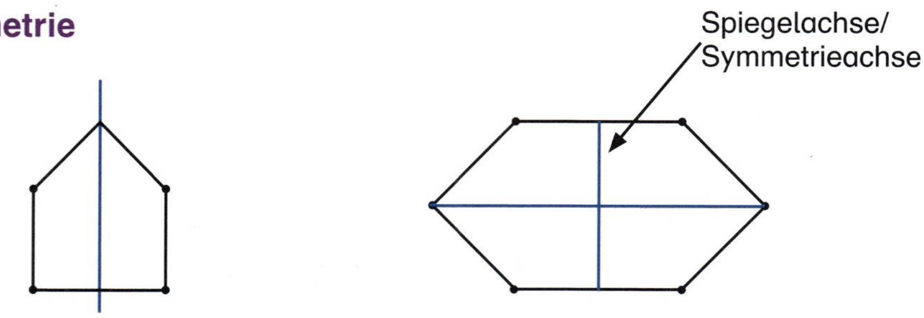

Symmetrische Figuren haben eine Spiegelachse und 2 Hälften. Diese sind deckungsgleich.

Flächen

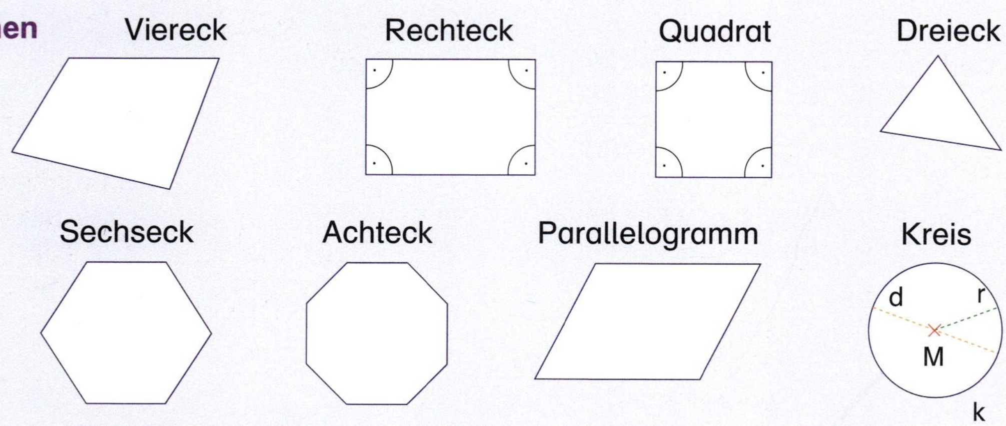

d: Durchmesser
r: Radius
M: Mittelpunkt
k: Kreislinie

Flächeninhalt
Umfang
Rauminhalt

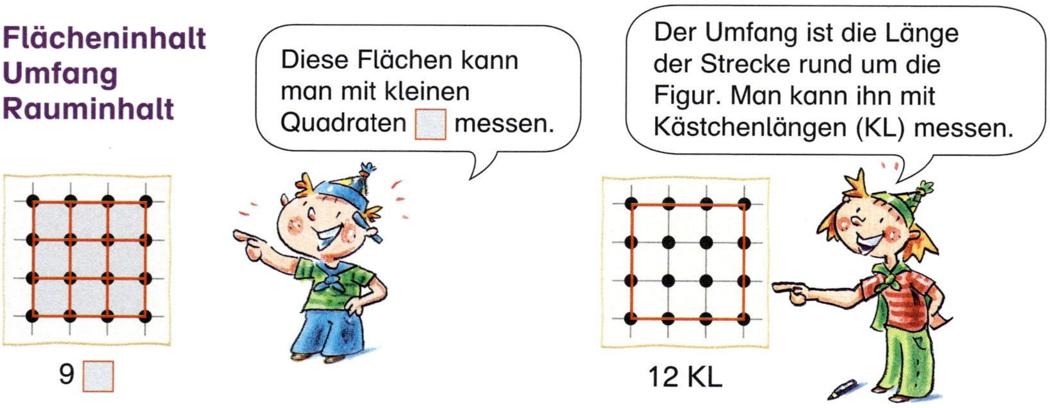

Rauminhalt

27 Einheitswürfel

Körper

Würfel

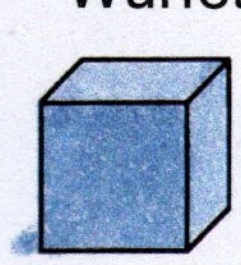

Ecken: 8
Kanten: 12
Flächen: 6
(6 Quadrate)

Quader

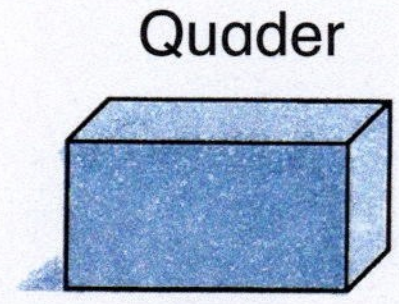

Ecken: 8
Kanten: 12
Flächen: 6
(6 Rechtecke, je 2 deckungsgleich)

Viereckspyramide

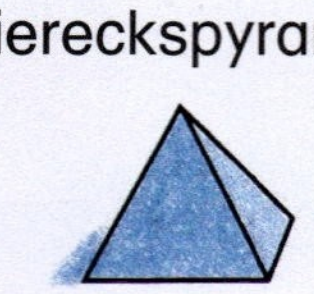

Ecken: 4
(+ 1 Spitze)
Kanten: 8
Flächen: 5
(1 Viereck, 4 Dreiecke)

Fachbegriffe

Addieren
3 + 5 = 8 Summe

Multiplizieren
3 · 5 = 15 Produkt

Subtrahieren
8 – 5 = 3 Differenz

Dividieren
15 : 3 = 5 Quotient

Schriftliches Rechnen

Addition

	3	2	7
+	4	2	8
		1	
	7	5	5

7 plus 8 gleich 15, 5 an, 1 gemerkt;
2 plus 3 gleich 5, 5 an;
3 plus 4 gleich 7, 7 an.

Subtraktion

(Abziehen)

		4	10
	3	~~5~~	2
–	1	1	8
	2	3	4

2 minus 8 geht nicht,
1 Z entbündeln,
4 bleiben.
12 minus 8 gleich 4,
schreibe 4;
4 minus 1 gleich 3,
schreibe 3;
3 minus 1 gleich 2,
schreibe 2.

(Ergänzen)

			10
	3	5	2
–	1	1	8
		1	
	2	3	4

8 plus ☐ gleich 2
geht nicht.
Ich ergänze oben
10 E und unten 1 Z.
8 plus [4] gleich 12;
schreibe 4.

Multiplikation

2	4	·	3	8
		7	2	0
	+	1	9	2
		1		
		9	1	2

3 mal 4 gleich 12, 2 an, 1 gemerkt,
3 mal 2 gleich 6, plus 1 gleich 7, 7 an;
8 mal 4 gleich 32, 2 an, 3 gemerkt,
8 mal 2 gleich 16, plus 3 gleich 19, 19 an.
(Ab hier wie bei der
schriftlichen Addition)

Division

								·	·	·		
	3	7	5	4	:	8	=	4	6	9	R	2
–	3	2										
		5	5									
	–	4	8									
			7	4								
		–	7	2								
				2								

3 ist kleiner als 8,
ich fasse die ersten 2 Stellen zusammen,
37 durch 8 geht 4-mal, bleibt 5,
ich hole 5 herunter,
55 durch 8 geht 6-mal, bleibt 7,
ich hole 4 herunter,
74 durch 8 geht 9-mal, bleibt Rest 2.

Größen, Zeichen, Abkürzungen

Längen

1 km = 1 000 m
1500 m = 1 km 500 m

1 m = 100 cm
280 cm = 2 m 80 cm

1 cm = 10 mm
74 mm = 7 cm 4 mm

Messinstrumente

Damit misst man Längen:

Lineal

Meterstab (Zollstock)

Bandmaß

Kilometerzähler

Vergleichslängen

Diese Vergleichslängen solltest du dir merken:

1 mm

Höhe einer Münze

1 cm

Fingerbreite

10 cm
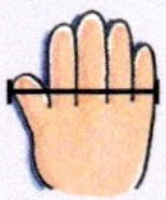
Handbreite

1 m

großer Schritt

10 m

Länge eines Klassenzimmers

100 m
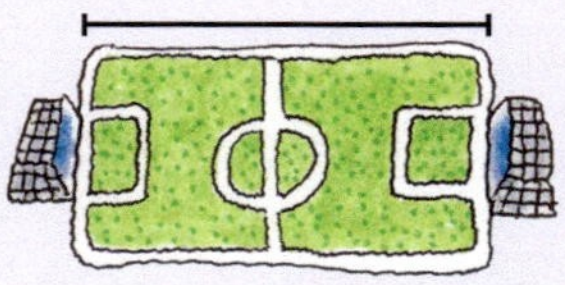
Länge eines Fußballfeldes

1 km
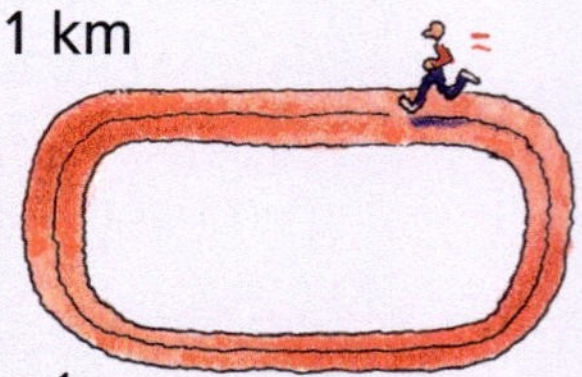
$2\frac{1}{2}$ Runden auf dem Sportplatz

Hohlmaße

1 l = 1 000 ml
1 l 400 ml = 1 400 ml

Vergleichsmengen

Diese Vergleichsmengen solltest du dir merken:

10 ml

Esslöffel

100 ml

kleine Tasse

250 ml = $\frac{1}{4}$ l

Glas

500 ml = $\frac{1}{2}$ l

Kakao

750 ml = $\frac{3}{4}$ l

Olivenöl

1 l

Milchtüte

$1\frac{1}{2}$ l

Wasserflasche

10 l

Putzeimer

200 l

Badewanne

Geld

1 € = 100 ct
1,42 € = 1 € 42 ct = 142 ct

Vergleichspreise

Das kannst du dir für die angegebenen Beträge kaufen:

1 €

10 €

100 €

1 000 €

10 000 €

Größen, Zeichen, Abkürzungen

Gewichte

1 kg = 1 000 g
1 kg 500 g = 1 500 g
1 t = 1 000 kg

Vergleichsgewichte

Diese Vergleichsgewichte solltest du dir merken:

1 g	10 g	100 g	1 kg	10 kg	100 kg	1 000 kg = 1 t

Büroklammer	Schokoriegel	Tafel Schokolade	Tüte Mehl	Eimer Wasser	schwerer Mann	kleines Auto

Zeit

1 Jahr = 12 Monate = 365 Tage (366 Tage) **1 Monat** hat 31, 30, 28 Tage (29 Tage)

1 Tag = 24 h (Stunden) **1 h = 60 min (Minuten)** **1 min = 60 s (Sekunden)**

Uhrzeiten

7.15 Uhr (morgens)
19.15 Uhr (abends)
„Viertel nach sieben"

7.30 Uhr (morgens)
19.30 Uhr (abends)
„halb acht"

7.45 Uhr (morgens)
19.45 Uhr (abends)
„Viertel vor acht"

Zeichen und Abkürzungen

Zeichen und Sprechweisen

<, >, =	kleiner als, größer als, gleich
+	plus (addieren)
–	minus (subtrahieren)
·	mal (multiplizieren)
:	geteilt durch (dividieren)
R	Rest

Alle Abkürzungen auf einen Blick

ct, €	Cent, Euro
m, km	Meter, Kilometer
mm, cm	Millimeter, Zentimeter
ml, l	Milliliter, Liter
g, kg, t	Gramm, Kilogramm, Tonne
s, min, h	Sekunde, Minute, Stunde

Wahrscheinlichkeit

Begriffe zur Wahrscheinlichkeit

Du willst einen roten Würfel ziehen. Das ist …

… sicher

… möglich

… unmöglich

Zahlenzauber 4
Erarbeitet von: Bettina Betz, Angela Bezold, Ruth Dolenc-Petz, Hedwig Gasteiger, Carina Hölz, Petra Ihn-Huber, Christine Kullen, Elisabeth Plankl, Beatrix Pütz, Carola Schraml, Karl-Wilhelm Schweden
Redaktion: Anna Weininger, München; Christine Fischbacher
Illustration: Mathias Hütter, Schwäbisch Gmünd: Leitfiguren Simsala, Bim, Eulalia, Icons und Illustrationen soweit nicht anders angegeben; Renate Möller, Berlin: Schatztruhe und Stift „merken" U2, Zettel S. 4 oben, S. 7 Nr. 2 u. 3, S. 12, S. 13 (Zettel), S. 14 oben, S. 15 Nr. 6, S. 18, S. 21 Nr. 4, S. 22 Nr. 1 u. 2, S. 23 Nr. 3, S. 26 Nr. 1 u. 3, 27 Nr. 5 u. 6, S. 28 Nr. 1, S. 29 Nr. 4, 6, 7, 8, S. 30 Nr. 2d, S. 31 Nr. 4 u. 6, S. 32 Nr. 1, 2, 3, S. 33 Nr. 5-8, S. 45 Nr. 5 u. 6, S. 46 Nr. 1 u.4, S. 47 Nr. 7, 9 u. 11, S. 48 Nr. 2 u. 4, S. 50 oben und Nr. 1, S. 52 Nr. 2, S. 64 Nr. 4 u. 5, S. 65 Nr. 7, S. 74 oben u. Nr. 4, S. 75 Nr. 5, S. 76 Nr. 1, S. 77 Nr. 5, S. 78 oben, S. 82 Nr. 2 u. 3, S. 86 Nr. 1, S. 87, S. 88, S. 89 Nr. 4, S. 90 Nr. 1, S. 92 Nr. 1, S. 93 Nr. 7, S. 105 Nr. 4, S. 110 Nr. 2, S. 111 Nr. 6, S. 116 Nr. 3, S. 117 Nr. 5, S. 120, Prinzessin und Indianer S. 5, Würfel S. 6, Lupen S. 8, S. 9, S. 75 Nr. 8, S. 78 Nr. 3, S. 91 Nr. 4, Stempel S. 22 Nr. 1, Eis S. 23 Nr. 4, Füße S. 30, Schachtel S. 34 Nr. 3, Holzmaterial S. 36, Häuser S. 43 Nr. 7, S. 49 Nr. 9, S. 63 Nr. 7, S. 72 Nr. 3, Karozettel S. 50 und S. 51 unten, Quader S. 52 Nr. 1 u. 4, Schachteln S. 53 Nr. 7, Gegenstände S. 66 Nr. 4, S. 67 Nr. 7b, Obst S. 82 oben, Schild S. 83 oben, Quadrat und Würfel S. 100 Nr. 1, Plakat, Koffer, Lebensmittel S. 101 Nr. 3 u. 4, Plakate S. 118 Nr. 1 u. 2, Esslöffel, Glas, Putzeimer, Badewanne, Büroklammer, Mann und Wasserflasche S. 126/127
Grafik: Detlef Seidensticker, München: Karten S. 99 Nr. 5, S. 116 oben, S. 119 Nr. 3c Mitte, Diagramme S. 16 oben u. S. 17 Nr. 3, S. 98 oben, Burgen S. 50 oben, Ansichten S. 51 Nr. 4 u. 5, Körper S. 51 Nr. 7, Körper S. 53 Nr. 5 u. 6, Netze S. 53 Nr. 8, Würfelgebäude S. 106 Nr. 3 u. 4, Würfelgebäude und Ansichten S. 107 Nr. 6 u. 7, S. 108 Nr. 2, S. 109
Umschlagkonzept: Mendell & Oberer, München
Umschlaggestaltung: grundmanngestaltung, Karlsruhe; Jule Kienecker, Berlin; Corinna Babylon, Berlin
Umschlagillustration: Mathias Hütter, Schwäbisch Gmünd
Layout: artesmedia, Glonn
Technische Umsetzung: PER MEDIEN & MARKETING GmbH, Braunschweig

www.oldenbourg.de

1. Auflage, 1. Druck 2017

Alle Drucke dieser Auflage sind inhaltlich unverändert
und können im Unterricht nebeneinander verwendet werden.

Druck: Firmengruppe APPL, aprinta Druck, Wemding

ISBN 978-3-637-01876-1 (Schülerbuch)
ISBN 978-3-637-02210-2 (E-Book)

PEFC
PEFC/04-32-0928

PEFC zertifiziert
Dieses Produkt stammt aus nachhaltig bewirtschafteten Wäldern und kontrollierten Quellen.

www.pefc.de

Zahlenzauber 4

Arbeitsheft

Allgemeine Ausgabe
Lösungen

Name

Oldenbourg

Tausender, Hunderter, Zehner, Einer

SB S. 6/7

① Wie heißen die Zahlen? Ergänze die Tabelle.

a)

T	H	Z	E		
1	0	0	0	▢	1 000
1	2	0	0	▢ □□	1 200
1	0	1	0	▢ |	1 010
1	0	3	7	▢ ||| ::•••	1 037
0	5	4	2	□□□□□ |||| ••	542
2	0	0	5	▢▢ •••••	2 005
1	1	3	4	▢ □ ||| ••••	1 134
1	4	0	7	▢ □□□□ ::•••	1 407

b)

T	H	Z	E		
1	6	3	5	5E, 6H, 1T, 3Z	1 635
1	1	0	6	1H, 1T, 6E	1106
2	3	2	4	2T, 4E, 2Z, 3H	2324
1	0	6	2	6Z, 1T, 2E	1062
2	4	0	0	4H, 2T	2400
1	0	7	6	6E, 7Z, 1T	1076
2	7	0	1	1E, 2T, 7H	2701
3	1	3	0	3Z, 3T, 1H	3130

② Welche Stellen verändern sich jeweils? Erkläre und rechne.

a)

465 + 2 = 467 | 465 − 40 = 425
465 + 300 = 765 | 465 − 3 = 462
465 + 30 = 495 | 465 − 200 = 265
465 + 332 = 797 | 465 − 243 = 222

b)

348 + 50 = 398 | 348 − 30 = 318
348 + 600 = 948 | 348 − 7 = 341
348 + 1 = 349 | 348 − 200 = 148
348 + 651 = 999 | 348 − 237 = 111

1000 und über 1000 hinaus ①

SB S. 8/9

① Trage die fehlenden Zahlen ein und ordne die Kärtchen zu.

a) 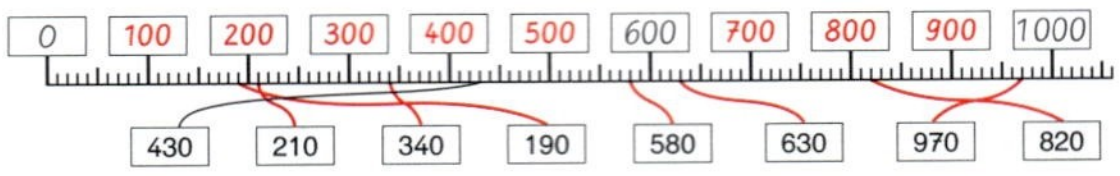

b) 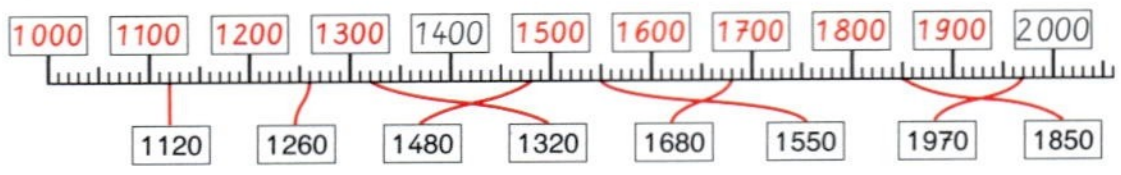

② Schreibe alle Zahlen auf, die zu den Strichen gehören.

a) (1268), 1269, (1270), 1271, (1272),
1273, (1274), 1275, (1276), 1277,
(1278), 1279, (1280), 1281, (1282)

Kreise die geraden Zahlen ein.

b) 1008, (1009), 1010, (1011), 1012,
(1013), 1014, (1015), 1016, (1017),
1018, (1019), 1020, (1021), 1022

Kreise die ungeraden Zahlen ein.

c) 1988, 1989, (1990), 1991, 1992,
1993, 1994, 1995, 1996, 1997, 1998,
1999, (2000), (2001), (2002)

Kreise die Zahlen mit 0 E oder 0 Z oder 0 H ein.

1000 und über 1000 hinaus ②

SB S. 8/9

① Nachbarzahlen

Vorgänger	Zahl	Nachfolger
997	998	999
768	769	770

Vorgänger	Zahl	Nachfolger
1419	1 420	1421
1205	1 206	1207

Vorgänger	Zahl	Nachfolger
999	1 000	1001
1999	2 000	2001

② Nachbarzehner: Unterstreiche jeweils den Zehner, der näher liegt.

Nachbar-zehner	Zahl	Nachbar-zehner
990	998	<u>1000</u>
760	769	<u>770</u>
<u>1200</u>	1 201	1210

Nachbar-zehner	Zahl	Nachbar-zehner
1410	1 420	1430
1200	1 206	<u>1210</u>
1870	1 874	1880

Nachbar-zehner	Zahl	Nachbar-zehner
990	1 000	1010
1990	2 000	2010
1890	1 900	1910

③ Nachbarhunderter: Unterstreiche jeweils den Hunderter, der näher liegt.

Nachbar-hunderter	Zahl	Nachbar-hunderter
900	998	<u>1000</u>
700	769	<u>800</u>
<u>1200</u>	1 201	1300

Nachbar-hunderter	Zahl	Nachbar-hunderter
<u>1400</u>	1 420	1500
<u>1200</u>	1 206	1300
1800	1 874	<u>1900</u>

Nachbar-hunderter	Zahl	Nachbar-hunderter
900	1 000	1100
1900	2 000	2100
1800	1 900	2000

④ Erkennst du das Muster? Setze die Zahlenfolgen fort.

1 466, 1 468, 1 470, 1472, 1474, 1 476 (+2)

1 906, 1 904, 1 902, 1900, 1898, 1 896 (−2)

1 000, 1 003, 1 006, 1009, 1012, 1 015 (+3)

1 015, 1 010, 1 005, 1000, 995, 990 (−5)

Schreibe weitere Zahlenfolgen in dein 📖. Erkläre deine Zahlenfolgen.

★ ⑤ Zahlenrätsel

Bilde die größte gerade Zahl, die kleiner ist als 2 000. 1998

Bilde aus den Ziffern 1, 4, 5, 8 die Zahl, die am nächsten an 1 700 liegt. 1584

Die Zahl liegt zwischen 1 000 und 2 000. An der Einer- und an der Tausenderstelle steht die gleiche Ziffer. Es kommt noch zweimal die 5 vor. 1551

Erfindungen und Ereignisse der letzten 800 Jahre

SB S. 10/11

① Die Entwicklung des Fahrrads

a) Trage die fehlenden Zahlen auf der Zeitleiste ein. Verbinde die Bilder mit dem Jahr der Erfindung.

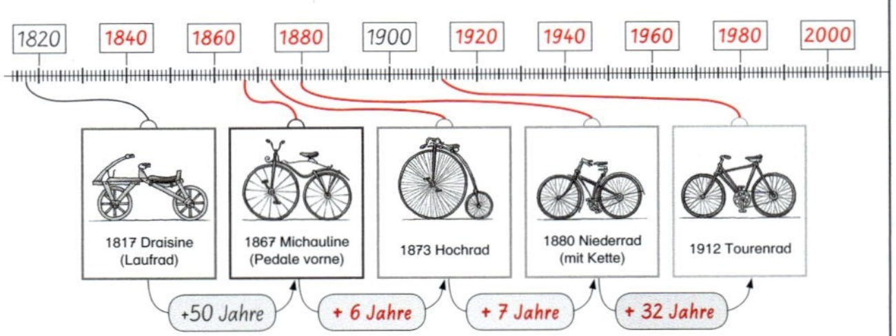

b) Wie viel Zeit verging von einer Erfindung bis zur nächsten? Trage oben die Jahre ein.

c) Wie viele Jahre sind bis heute seit jeder Erfindung vergangen? (2018)

Erfindung	Jahr	vergangene Zeit bis heute
Draisine	1817	201 Jahre
Michauline	1867	151 Jahre
Hochrad	1873	145 Jahre
Niederrad	1880	138 Jahre
Tourenrad	1912	106 Jahre

② Berühmte Bauwerke

a) Wie lange war die Bauzeit dieser Bauwerke?

b) Vor wie vielen Jahren wurden die Bauwerke fertiggestellt?

	Berlin Brandenburger Tor 1788–1791	Ulmer Münster 1377–1890	Turm von Pisa 1173–1360	Kölner Dom 1248–1880
Bauzeit:	3 Jahre	513 Jahre	187 Jahre	632 Jahre
Alter: (2018)	227 Jahre	128 Jahre	658 Jahre	138 Jahre

Addieren bis 1000

SB S. 12

① Rechne auf deinem Weg. Du kannst die Aufgaben auch im Kopf lösen.

581 + 291 = 872 | 321 + 179 = 500 | 88 + 224 = 312

189 + 732 = 921 | 552 + 98 = 650 | 376 + 596 = 972

358 + 485 = 843 | 534 + 259 = 793 | 734 + 166 = 900

② Vereinfache die Aufgaben so, dass du leicht rechnen kannst.

224 + 198 = 422
222 + 200 = 422

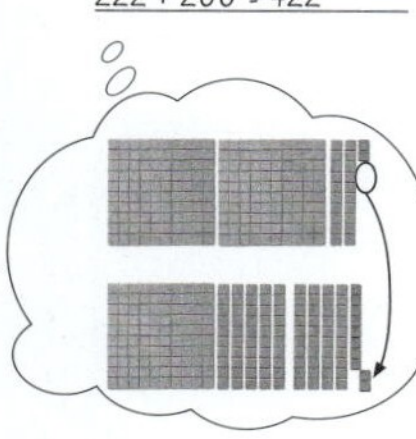

863 + 195 = 1058
858 + 200 = 1058

399 + 601 = 1000
400 + 600 = 1000

655 + 245 = 900
650 + 250 = 900

514 + 197 = 711
511 + 200 = 711

471 + 297 = 768
468 + 300 = 768

647 + 205 = 852
652 + 200 = 852

399 + 401 = 800
400 + 400 = 800

295 + 328 = 623
300 + 323 = 623

Subtrahieren bis 1000

SB S. 13

① Rechne auf deinem Weg.

670 – 45 = 625 | 340 – 67 = 273 | 450 – 94 = 356

559 – 480 = 79 | 728 – 490 = 238 | 313 – 160 = 153

② Rechne auf deinem Weg.

916 – 595 = 321 | 703 – 664 = 39 | 797 – 668 = 129

692 – 348 = 344 | 914 – 736 = 178 | 836 – 274 = 562

★ ③ 1 024 – 996 = 28 | 1 892 – 398 = 1 494 | 2 004 – 1 996 = 8

Schriftlich addieren und subtrahieren

SB S. 14/15

① Rechne schriftlich.

a) 346 + 469 = 815 | 689 + 513 = 1202

b) 1346 – 589 = 757 | 1010 – 817 = 193 | 1654 – 93 = 1561

② a) Addiere.

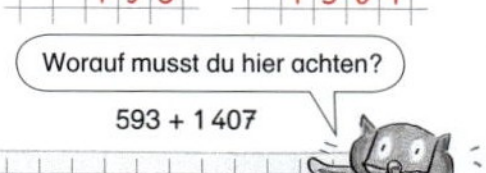

1 208 + 396 | 1 395 + 286 | 593 + 1 407

1208 + 396 = 1604 | 1395 + 286 = 1681 | 593 + 1407 = 2000

b) Subtrahiere.

1 953 – 636 | 1 017 – 459 | 1 808 – 698

1953 – 636 = 1317 | 1017 – 459 = 558 | 1808 – 698 = 1110

③ Rechne Aufgabe und Umkehraufgabe.

a) 912 – 637 = 275 | 275 + 637 = 912 | 846 – 583 = 263 | 263 + 583 = 846 | 1010 – 617 = 393 | 393 + 617 = 1010

b) 908 + 958 = 1866 | 1866 – 958 = 908 | 317 + 486 = 803 | 803 – 486 = 317 | 478 + 1356 = 1834 | 1834 – 1356 = 478

★ ④ Rechne.

a) 474 + 352 = 826 | 316 + 438 = 754 | 450 + 1528 = 1978

b) 1059 – 732 = 327 | 1886 – 127 = 1759 | 1186 – 138 = 1048

Schaubilder lesen

SB S. 16/17

① Die Kinder einer Grundschule wurden zu ihrem Lieblingsessen befragt.

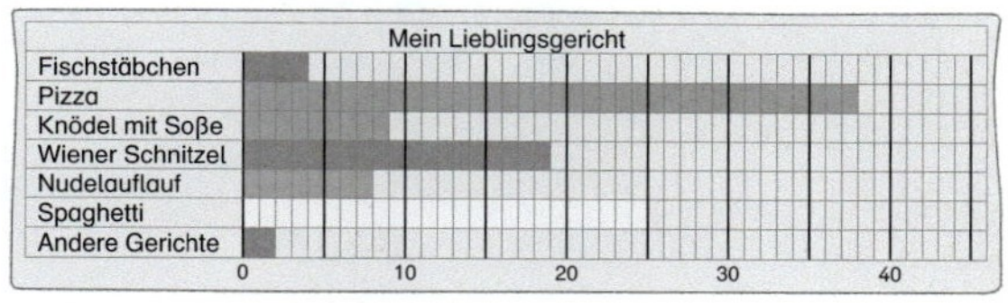

a) Lies das Schaubild, rechne und ergänze.
Wie viele Kinder wurden insgesamt befragt?

4 + 38 + 9 + 19 + 8 + 25 + 2 = 105

105 Kinder nahmen an der Umfrage teil.

Nenne das Lieblingsgericht der meisten Kinder: Pizza

Wie heißen die drei beliebtesten Gerichte?

Pizza, Spaghetti, Wiener Schnitzel

b) Welche Aussagen stimmen? Kreuze an: ☒.

- ☒ Wiener Schnitzel wurde seltener als Lieblingsgericht genannt als Pizza.
- ☐ Nudelauflauf wurde häufig genannt.
- ☒ Weniger Kinder nannten Fischstäbchen als Knödel mit Soße.
- ☒ Mehr als die Hälfte aller Kinder haben als Lieblingsgericht Pizza oder Spaghetti angegeben.

② 72 Kinder wurden nach ihrer Lieblingsnachspeise befragt.
Erstelle ein Schaubild.

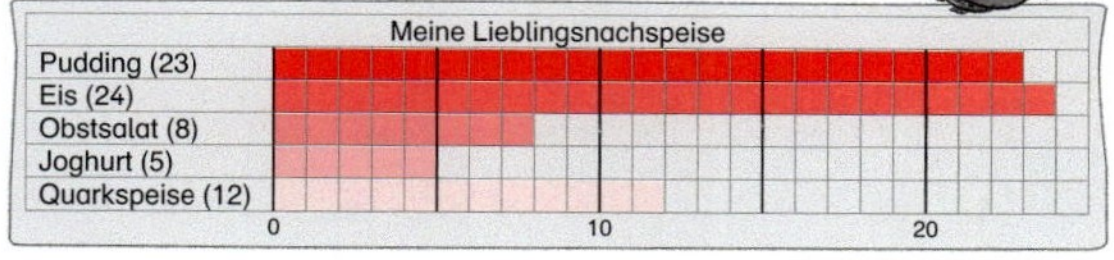

③ Führt eine Umfrage zu Lieblingsnachspeisen, Lieblingseissorten, … in eurer Klasse durch.

Ein Aquarium einrichten
SB S. 18/19

① Miriam und Jan haben insgesamt 35 € gespart. Sie möchten für ihr Aquarium noch dieses Zubehör kaufen.

a) Wie viel kostet das Zubehör insgesamt?

A: *Das Zubehör kostet 28,60 €.*

7,95 €	28,60 €
3,95 €	+ 7,60 €
1,95 €	36,20 €
2,95 €	
+ 11,80 €	
28,60 €	

b) Reicht ihr Geld auch noch für eine Wasserpflanze zu 7,60 €?

A: *Das Geld reicht nicht.*

Es fehlen 1,20 €.

② a) Schreibe eine Rechengeschichte. Schaffst du es, dass alle Angaben vorkommen?

Beispiel: Anna hat insgesamt 50 € gespart.
Sie kauft 2 Goldfische und 2 Dosen
Fischfutter.
Wie viel Geld hat sie am Ende noch?

b) Rechne.

2,95 €	50,00 €
2,95 €	− 13,88 €
3,99 €	36,12 €
+ 3,99 €	
13,88 €	

③ Stefan kauft sich ein gebrauchtes Aquarium für 65 €. Eine neue Heizung und ein neuer Innenfilter kosten zusammen 96 €. Dazu sucht er sich noch 6 Guppys aus. Reicht sein Geld?

a) Welche dieser Informationen brauchst du noch, um diese Aufgabe zu lösen? Färbe sie.

Ein Guppy kostet 3 €. | Ein Zwergfadenfisch kostet 5 €. | Stefan hat 200 €.

b) Löse die Aufgabe.

65 €	200 €
96 €	− 179 €
+ 18 €	21 €
179 €	

A: *Stefans Geld reicht.*

Multiplizieren und dividieren
SB S. 20/21

① Multiplizieren und dividieren mit 10 und 100

12 · 10 = 120	10 · 16 = 160	1300 : 10 = 130	150 : 10 = 15
12 · 100 = 1200	100 · 16 = 1600	1300 : 100 = 13	1500 : 10 = 150
120 · 10 = 1200	10 · 160 = 1600	130 : 10 = 13	1500 : 100 = 15

Aufgaben mit mal 10 und mal 100: Schreibe in dein 📖.

② Multiplizieren mit Vielfachen von 10 und 100

a) 4 · 7 = 28 | 3 · 8 = 24 | 9 · 3 = 27 | 8 · 9 = 72
4 · 70 = 280 | 3 · 80 = 240 | 9 · 30 = 270 | 8 · 90 = 720

b) 8 · 3 = 24 | 7 · 6 = 42 | 3 · 7 = 21 | 6 · 4 = 24
80 · 3 = 240 | 70 · 6 = 420 | 30 · 7 = 210 | 60 · 4 = 240

c) 4 · 3 = 12 | 3 · 5 = 15 | 6 · 3 = 18 | 2 · 9 = 18
4 · 300 = 1200 | 3 · 500 = 1500 | 600 · 3 = 1800 | 200 · 9 = 1800

③ Dividiere.

Die Umkehraufgabe hilft.

320 : 80 = 4	420 : 70 = 6	480 : 60 = 8	200 : 50 = 4
4 · 80 = 320	6 · 70 = 420	8 · 60 = 480	4 · 50 = 200
320 : 8 = 40	420 : 7 = 60	480 : 6 = 80	200 : 5 = 40
40 · 8 = 320	60 · 7 = 420	80 · 6 = 480	40 · 5 = 200

④ Bilde Produkte und Quotienten.

Produkt | Quotient

9, 60, 360, 90, 4, 36, 40, 6

Produkt	Quotient
4 · 90 = 360	360 : 90 = 4
z. B. 4 · 9 = 36	36 : 9 = 4
40 · 9 = 360	360 : 9 = 40
6 · 60 = 360	360 : 60 = 6

Kombinieren und darstellen
SB S. 22/23

① Mia hat drei Hosen, vier T-Shirts und zwei Kappen.

Wie viele verschiedene Kombinationen kann sie anziehen? Löse die Aufgabe mit einem Baumdiagramm.

z. B.

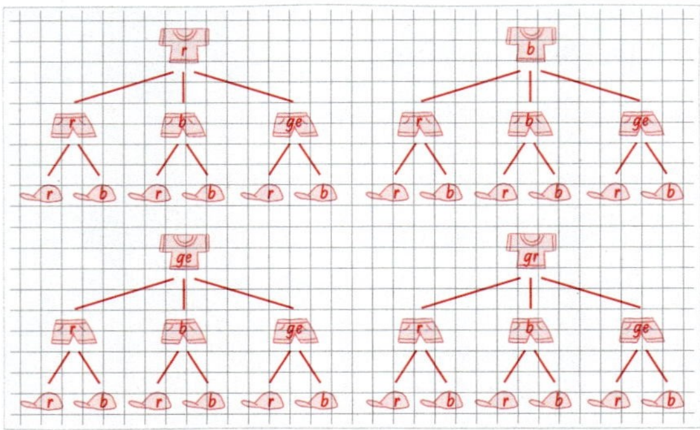

A: Es gibt *24* verschiedene Möglichkeiten.

② Am Kiosk gibt es diese Lollis:

Wie viele Möglichkeiten gibt es, ein Tütchen mit zwei verschiedenfarbigen Lollis zusammenzustellen? Löse die Aufgabe mit einer Tabelle.

z. B.

	l	b	o	g	r
l		X	X	X	X
b			X	X	X
o				X	X
g					X
r					

A: Es gibt *10* verschiedene Möglichkeiten.

Grundwissen ①
SB S. 24/25

❶ Trage die Zahlen in die Stellenwerttafel ein.

T	H	Z	E
	2	3	1
1	0	4	6
	4	0	8
1	0	8	0

❷ Lege im Kopf. Addiere.

236 + 35 = 271

a) 684 + 16 = 700
537 + 26 = 563
128 + 45 = 173

b) 296 + 15 = 311
348 + 28 = 376
755 + 17 = 772
863 + 39 = 902

❸ Lege im Kopf. Subtrahiere.

343 − 35 = 308

a) 594 − 37 = 557
381 − 43 = 338
176 − 29 = 147

b) 256 − 47 = 209
462 − 33 = 429
704 − 15 = 689
833 − 26 = 807

❹ Wie verändern sich die Zahlen jeweils? Überlege und rechne.

T	H	Z	E
		1	3
	1	3	0
1	3	0	0

a) 27 · 10 = 270
27 · 100 = 2700
270 · 10 = 2700

b) 44 · 10 = 440
440 · 10 = 4400
44 · 100 = 4400

❺ Rechne Aufgabe und Umkehraufgabe.

a) 630 : 10 = 63
63 · 10 = 630

b) 540 : 10 = 54
54 · 10 = 540

c) 2700 : 100 = 27
27 · 100 = 2700

❻ Der Heißluftballon wurde 1783 erfunden, das Luftschiff im Jahr 1900. Wie viele Jahre vergingen dazwischen?

A: *Es vergingen dazwischen 117 Jahre.*

Bist du fit? ①

SB S. 24/25

1 Schreibe die passenden Zahlen auf.

T	H	Z	E	Zahl
•	∴	∵	•	1 4 3 1
:		⁙		2 0 7 0
	⁙		∵	6 0 3
•	⁙	∷	:	1 7 4 2

2 Addiere.

a)
260 + 59 = 319
680 + 72 = 752
970 + 44 = 1 014

b)
639 + 68 = 707
483 + 56 = 539
725 + 76 = 801

c)
556 + 48 = 604
964 + 69 = 1 033
436 + 82 = 518

3 Subtrahiere.

a)
427 – 46 = 381
639 – 54 = 585
916 – 32 = 884

b)
284 – 92 = 192
327 – 68 = 259
852 – 74 = 778

c)
529 – 238 = 291
967 – 593 = 374
433 – 156 = 277

4 Rechne Aufgabe und Umkehraufgabe.

a)
12 · 100 = 1200
1200 : 100 = 12

b)
450 : 10 = 45
45 · 10 = 450

c)
2000 : 100 = 20
20 · 100 = 2 000

5 Rechne auf deinem Weg.

40 · 3 = 120 200 · 6 = 1200 240 : 80 = 3

6 Wie viele Jahre vergingen jeweils zwischen den Erfindungen und bis heute?

Bleistift 1500 → (+ 385 Jahre) → Füllfederhalter 1884 → (+ 60 Jahre) → Kugelschreiber 1943

Bleistift 1500 → (+ 518 Jahre) → heute (2018)
Füllfederhalter 1884 → (+ 134 Jahre) → heute (2018)
Kugelschreiber 1943 → (+ 75 Jahre) → heute (2018)

Halbschriftlich multiplizieren

SB S. 26/27

① Rechne halbschriftlich auf deinem Weg.

a)
6 · 48 = 288
z. B. 6 · 40 = 240
z. B. 6 · 8 = 48

5 · 73 = 365
z. B. 5 · 3 = 15
z. B. 5 · 70 = 350

34 · 8 = 272

b)
3 · 267 = 801
z. B. 3 · 200 = 600
z. B. 3 · 60 = 180
z. B. 3 · 7 = 21

4 · 195 = 780
4 · 5 = 20
4 · 90 = 360
4 · 100 = 400

318 · 3 = 954

② Rechentrick 1: Verdoppeln oder halbieren

a)
2 · 64 = 128
4 · 64 = 256

2 · 87 = 174
4 · 87 = 348

2 · 195 = 390
4 · 195 = 780

b)
10 · 28 = 280
5 · 28 = 140

10 · 36 = 360
5 · 36 = 180

10 · 75 = 750
5 · 75 = 375

③ Rechentrick 2: Nahe an der Zehnerzahl

6 · 49 = 294
6 · 50 = 300

4 · 69 = 276
4 · 70 = 280

39 · 8 = 312
40 · 8 = 320

④ Rechne halbschriftlich oder im Kopf.

z. B. 67 · 6 = 402 28 · 4 = 112 342 · 2 = 684 5 · 32 = 160

z. B.
67 · 6 = 402
60 · 6 = 360
7 · 6 = 42

Halbschriftlich dividieren ①

SB S. 28/29

① Zerlege und rechne.

12 Z kann ich durch 6 teilen.

156 : 6

60, 120, 180, …

a)

156 : 6 = 26	444 : 6 = 74	588 : 6 = 98	210 : 6 = 35
120 : 6 = 20	420 : 6 = 70	540 : 6 = 90	180 : 6 = 30
36 : 6 = 6	24 : 6 = 4	48 : 6 = 8	30 : 6 = 5

b)

245 : 5 = 49	255 : 5 = 51	185 : 5 = 37	495 : 5 = 99
200 : 5 = 40	250 : 5 = 50	150 : 5 = 30	450 : 5 = 90
45 : 5 = 9	5 : 5 = 1	35 : 5 = 7	45 : 5 = 9

② Rechne auf deinem Weg.

368 : 8 = 46 235 : 5 = 47 654 : 6 = 109

z. B.
368 : 8 = 46
320 : 8 = 40
48 : 8 = 6

z. B.
235 : 5 = 47
200 : 5 = 40
35 : 5 = 7

z. B.
654 : 6 = 109
600 : 6 = 100
54 : 6 = 9

③ Rechne zuerst die einfachste Aufgabe im Kopf.

360 : 6 = 60	427 : 7 = 61	624 : 8 = 78	900 : 9 = 100
354 : 6 = 59	434 : 7 = 62	640 : 8 = 80	954 : 9 = 106
348 : 6 = 58	420 : 7 = 60	656 : 8 = 82	972 : 9 = 108

Halbschriftlich dividieren ②

SB S. 28/29

① Dividiere halbschriftlich und überprüfe mit der Umkehraufgabe.

448 : 7 = 64 | 64 · 7 = 448
420 : 7 = 60 | 60 · 7 = 420
28 : 7 = 4 | 4 · 7 = 28

468 : 9 = 52 | 52 · 9 = 468
450 : 9 = 50 | 50 · 9 = 450
18 : 9 = 2 | 2 · 9 = 18

365 : 5 = 73 | 73 · 5 = 365
350 : 5 = 70 | 70 · 5 = 350
15 : 5 = 3 | 3 · 5 = 15

664 : 8 = 83 | 83 · 8 = 664
640 : 8 = 80 | 80 · 8 = 640
24 : 8 = 3 | 3 · 8 = 24

② Dividiere. Manchmal bleibt ein Rest.

z. B.

753 : 7 = 107 R4	538 : 8 = 67 R2	375 : 5 = 75	418 : 6 = 69 R4
700 : 7 = 100	480 : 8 = 60	350 : 5 = 70	360 : 6 = 60
53 : 7 = 7 R4	58 : 8 = 7 R2	25 : 5 = 5	58 : 6 = 9 R4

z. B.

957 : 4 = 239 R1	526 : 3 = 175 R1	1 099 : 9 = 122 R1	928 : 7 = 132 R4
800 : 4 = 200	300 : 3 = 100	900 : 9 = 100	700 : 7 = 100
120 : 4 = 30	210 : 3 = 70	180 : 9 = 20	210 : 7 = 30
37 : 4 = 9 R1	16 : 3 = 5 R1	19 : 9 = 2 R1	18 : 7 = 2 R4

③ Dividieren durch Zehnerzahlen

90, 180, 270, 360, …

567 : 90 = 6 R27	342 : 50 = 6 R42	468 : 70 = 6 R48
540 : 90 = 6	300 : 50 = 6	420 : 70 = 6
Rest 27	Rest 42	Rest 48

279 : 40 = 6 R39	538 : 60 = 8 R58	621 : 80 = 7 R61
240 : 40 = 6	480 : 60 = 8	560 : 80 = 7
Rest 39	Rest 58	Rest 61

6 Schritte zur Lösung ①

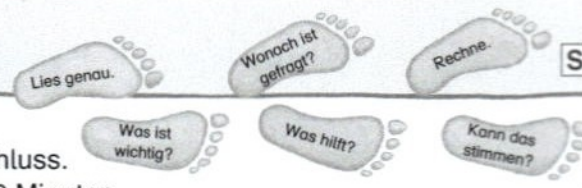

① Leila hat um 13.15 Uhr Schulschluss.
Für den Heimweg braucht sie 20 Minuten,
für das Mittagessen eine halbe Stunde.
Ein Spaziergang mit Bello dauert 45 Minuten.
Für den Weg zum Kino plant sie 15 Minuten ein.

Wie viel Zeit bleibt Leila für die Hausaufgaben, wenn die Vorstellung um 16 Uhr beginnt?

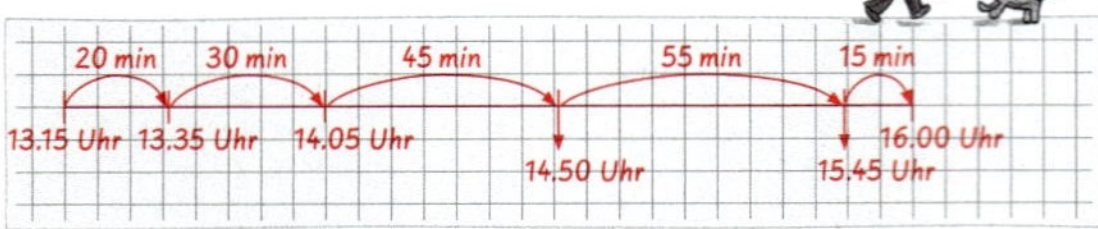

A: *Sie hat 55 min für die Hausaufgaben Zeit.*

② Max muss zum Augenarzt. Er verlässt mit seinem Vater um 14.15 Uhr das Haus. Die Autofahrt dauert 18 Minuten. Im Wartezimmer muss Max 40 Minuten warten. Die Behandlung ist nach 16 Minuten beendet. Dann fahren sie wieder nach Hause.

a) Wie lange ist Max von zu Hause weg?
b) Kann Max pünktlich um 16 Uhr beim Tennistraining sein?

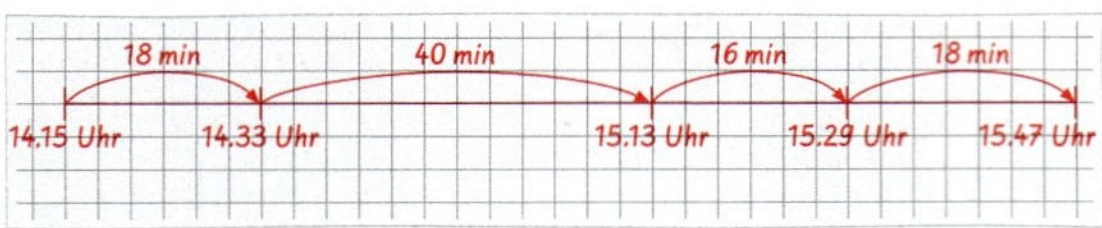

A: *a) Er ist 92 min von zu Hause weg.*
b) Ja. (Es kommt darauf an, wie weit das Tennistraining entfernt ist.)

③ Kann das stimmen?
Tina besucht ihre Freundin. Sie wohnt 8 Minuten von ihr weg. Tina geht um 15.45 Uhr los. Sie bleibt 75 Minuten bei ihrer Freundin. Dann geht Tina wieder. Kann sie um 17.10 Uhr zu Hause sein?

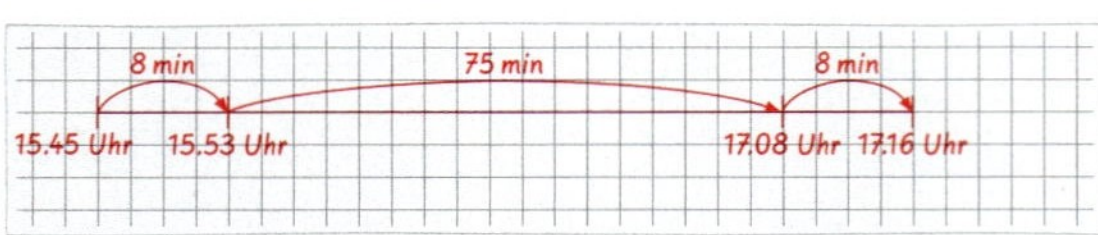

A: *Nein, Tina ist erst um 17.16 Uhr wieder zu Hause.*

6 Schritte zur Lösung ②

① Simons großer Bruder möchte ein Tablet für 250 € kaufen. Seine Eltern zahlen die Hälfte. Er hat 80 € gespart. Von seinem Taschengeld spart Simons Bruder jeden Monat 5 €.

Wann kann er sich das Tablet kaufen?

125 € + 125 € = 250 €
125 € − 80 € = 45 €
45 € : 5 € = 9

A: *Simons Bruder kann sich in 9 Monaten das Tablet kaufen.*

② Die Kinder wollen einen Rollschuhparcours aufbauen.
Vom Starthütchen bis zum Zielhütchen sind es 36 m.
Die Hütchen sollen im Abstand von 4 m stehen.

Wie viele werden benötigt?

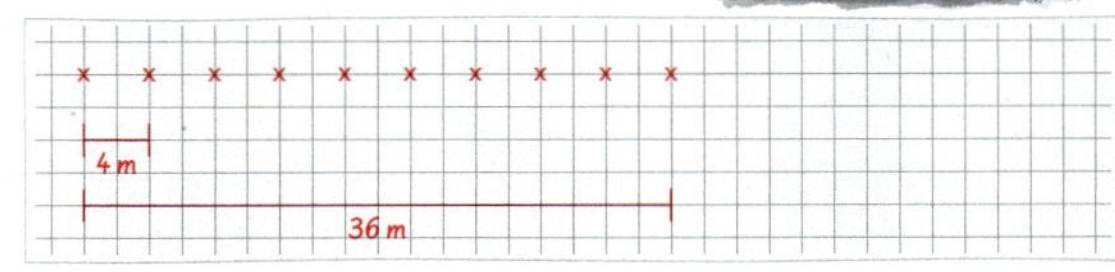

A: *Es werden 10 Hütchen benötigt.*

③ Kann das stimmen?
Für den Pausenhof sollen ein Basketballkorb und vier Bälle gekauft werden. Korb und Bälle kosten zusammen 240 €. Die Hälfte bezahlt die Schule. Ein Teil wird über Elternspenden finanziert und doppelt so viel über die Einnahmen vom Weihnachtsmarkt.

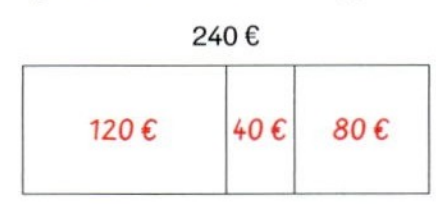

240 € : 2 = 120 €
120 € : 3 = 40 €
2 · 40 € = 80 €

Wer zahlt welchen Betrag?

A: *Die Schule bezahlt 120 €, die Eltern bezahlen 40 €.*
Die Einnahmen vom Weihnachtsmarkt betragen 80 €.

Was ist im Säckchen?

① Welches Säckchen könnte zu welchem Versuchsergebnis passen?
Verbinde.

rot	𝍸	𝍸				
blau	𝍸	𝍸	𝍸	𝍸	𝍷𝍷	
gelb	𝍸	𝍸	𝍸	𝍷𝍷𝍷		
grün	𝍸	𝍸				

rot						
blau	𝍸	𝍸	𝍸	𝍷𝍷𝍷𝍷		
gelb	𝍸	𝍸	𝍷𝍷𝍷𝍷			
grün	𝍸	𝍸	𝍸	𝍸	𝍸	𝍷𝍷

rot	𝍸	𝍸	𝍸	𝍸	𝍸	𝍸
blau	𝍸	𝍸	𝍷𝍷𝍷𝍷			
gelb						
grün	𝍸	𝍸	𝍷			

rot	𝍸	𝍷𝍷				
blau	𝍸	𝍸	𝍷			
gelb	𝍸	𝍸	𝍷𝍷𝍷𝍷			
grün	𝍸	𝍸	𝍸	𝍸	𝍸	𝍷𝍷𝍷

rot	𝍸	𝍸	𝍸	𝍸	𝍷	
blau	𝍸	𝍸	𝍸	𝍷		
gelb						
grün	𝍸	𝍸	𝍸	𝍸	𝍷𝍷𝍷	

rot	𝍸	𝍸	𝍸	𝍸	𝍸	𝍷𝍷𝍷
blau	𝍸	𝍷𝍷𝍷				
gelb	𝍸	𝍷𝍷				
grün	𝍸	𝍸	𝍷𝍷			

② In einem Säckchen sind 5 Würfel. Elias hat 60-mal gezogen.
Welche Aussagen könnten stimmen?
Kreuze an ⓧ.

a)

rot	𝍸	𝍸				
blau	𝍸	𝍸	𝍸	𝍸	𝍷	
gelb	𝍸	𝍸	𝍸	𝍸	𝍸	𝍷𝍷𝍷𝍷
grün						

- ⓧ Es ist eher wahrscheinlich, dass kein grüner Würfel im Säckchen ist.
- ○ Es sind bestimmt mehr rote als blaue Würfel.
- ⓧ Es könnten gleich viele blaue und gelbe Würfel sein.
- ○ Ein unmögliches Ergebnis ist .

b)

rot	𝍷𝍷𝍷𝍷					
blau	𝍸	𝍸	𝍸	𝍷		
gelb	𝍸	𝍸	𝍷𝍷𝍷			
grün	𝍸	𝍸	𝍸	𝍸	𝍸	𝍷𝍷

- ○ Es sind sicher gleich viele blaue, gelbe und grüne Würfel im Säckchen.
- ⓧ Es ist möglich, dass genau ein roter Würfel im Säckchen ist.
- ⓧ Es sind sicher alle vier Farben drin.
- ⓧ Das Ergebnis  ist eher unwahrscheinlich.

Vom Einer zum Hunderttausender

① Was gehört zusammen? Verbinde und ergänze.

1 Zehnerstange:
10 *Einerwürfel*

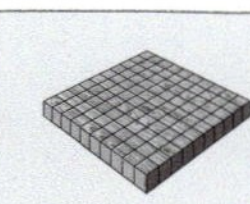

1 Hunderterplatte:
10 *Zehnerstangen*

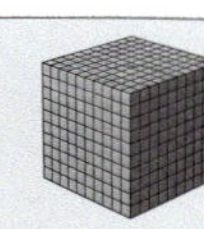

1 Tausenderwürfel:
10 *Hunderterplatten*

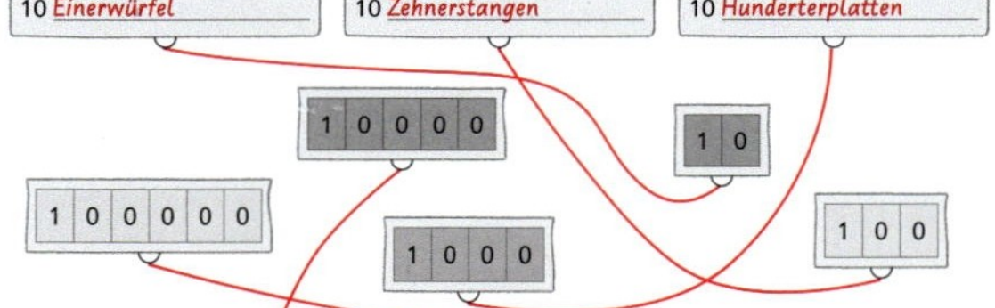

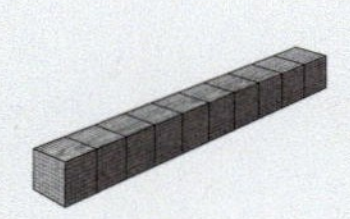

1 Zehntausenderstange:
10 *Tausenderwürfel*

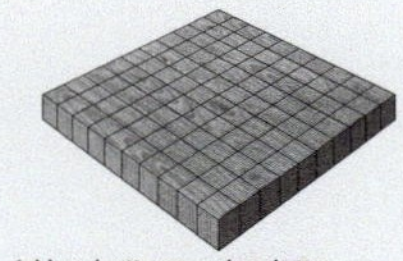

1 Hunderttausenderplatte:
10 *Zehntausenderstangen*

② Welche Zahlen wurden gelegt? Schreibe sie auf.

8 5 0 0 0
80 000 + 5 000 = 85 000

6 7 0 0 0
60 000 + 7 000 = 67 000

4 3 0 0 0
40 000 + 3 000 = 43 000

2 6 0 0 0
20 000 + 6 000 = 26 000

5 2 0 0 0
50 000 + 2 000 = 52 000

9 9 0 0 0
90 000 + 9 000 = 99 000

Legen, spielen, rechnen bis 100 000

SB S. 38/39

① Zerlege.

8355 = 8 000 + 300 + 50 + 5
1783 = 1 000 + 700 + 80 + 3
4820 = 4 000 + 800 + 20
92583 = 90 000 + 2 000 + 500 + 80 + 3

68901 = 60 000 + 8 000 + 900 + 1
52700 = 50 000 + 2 000 + 700

② Wie heißt die Zahl?

5000 + 2 + 80000 + 400 = 85 402
900 + 10 + 7000 + 60000 = 67 910
5 + 90 + 600 + 4000 = 4 695
30000 + 2000 + 500 + 40 + 1 = 32 541

③ Schreibe Zahlen auf, die du mit diesen Karten legen kannst.

8 0 0 0 | 6 0 0 0 0 | 2 | 5 0 0 | 3 0

2, 30, 32, 500, 502, 532, 8 000, 8 002, 8 030, 8 032,
8 500, 8 502, 8 530, 8 532, 60 000, 60 002, 60 030, 60 032,
60 500, 60 502, 60 530, 60 532, 68 000, 68 002, 68 030,
68 032, 68 500, 68 502, 68 530, 68 532

④ Eine Zahl – drei Schreibweisen: Ergänze.

	ZT	T	H	Z	E	
4652		4	6	5	2	4T 6H 5Z 2E
5322		5	3	2	2	5T 3H 2Z 2E
30718	3	0	7	1	8	3ZT 7H 1Z 8E
43 625	4	3	6	2	5	4ZT 3T 6H 2Z 5E
2980		2	9	8	0	9H 8Z 2T
66 107	6	6	1	0	7	7E 6T 1H 6ZT
73 006	7	3	0	0	6	dreiundsiebzigtausendsechs
85 000	8	5	0	0	0	fünfundachtzigtausend
40 007	4	0	0	0	7	vierzigtausendsieben

Zahlen am Zahlenstrahl bis 100 000 ①

SB S. 40/41

① Ergänze die fehlenden Zahlen und ordne die Kärtchen richtig zu.

a)

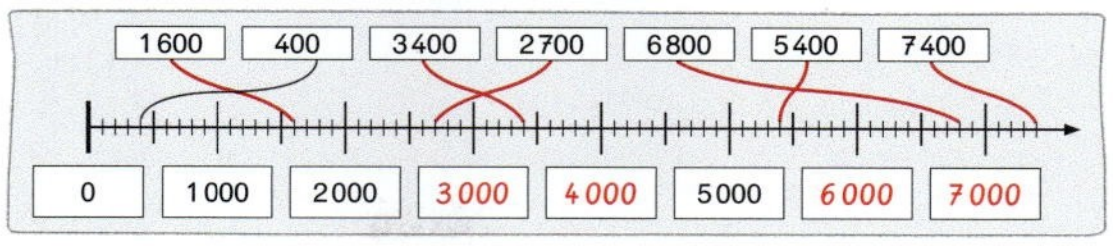

b)

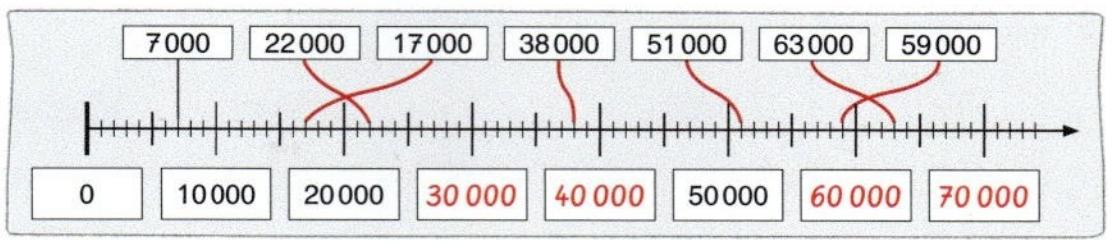

② a) Zwischen welchen Zehntausendern liegen diese Zahlen? Male den Zehntausender an, der näher liegt.

10 000	17325	20 000	50 000	52154	60 000
60 000	65287	70 000	30 000	35000	40 000
40 000	41836	50 000	80 000	83469	90 000

b) Zwischen welchen Tausendern liegen diese Zahlen? Male den Tausender an, der näher liegt.

3 000	3745	4 000	89 000	89594	90 000
1 000	1205	2 000	54 000	54407	55 000
7 000	7364	8 000	36 000	36272	37 000

c) Nachbarzahlen

Vorgänger		Nachfolger	Vorgänger		Nachfolger
8 712	8713	8 714	92 724	92725	92 726
5 688	5689	5 690	68 399	68400	68 401
9 998	9999	10 000	14 999	15000	15 001

Schreibe Nachbarzahlen in dein Heft.

Zahlen am Zahlenstrahl bis 100 000 ②

SB S. 40/41

① Zähle in Schritten weiter.

a) 45000, 50000, 55000, 60 000, 65 000, 70 000, 75000
9700, 9800, 9900, 10 000, 10 100, 10 200, 10300
67870, 67900, 67930, 67 960, 67 990, 68 020, 68050

b) 78000, 76000, 74000, 72 000, 70 000, 68 000, 66000
83000, 80000, 77000, 74 000, 71 000, 68 000, 65000
45625, 45620, 45615, 45 610, 45 605, 45 600, 45595

c) 33645, 33650, 33660, 33675, 33 695, 33 720, 33750
(+5, +10, +15, +20, +25)
54367, 54370, 54340, 54343, 54 313, 54 316, 54286
(+3, −30, +3, −30, +3)

② Vergleiche mit <, >, =.

9613 < 9617	84666 < 86466	36704 > 36407
4808 > 4088	9248 > 2984	77598 > 17598
7252 = 7252	61782 < 61783	49262 = 49262
2671 < 6271	99999 > 19999	18236 < 18237

③ Zahlenrätsel

a) Meine Zahl ist fünfstellig und größer als 90000. Alle Ziffern sind gleich. Wie heißt die Zahl?
99 999

b) Meine Zahl liegt zwischen 48000 und 49000. Sie hat als Ziffern viermal die Vier. Wie heißt sie?
48 444

c) Meine Zahl ist die kleinste sechsstellige ungerade Zahl. Schreibe sie auf.
100 001

d) Meine Zahl liegt genau in der Mitte zwischen 25000 und 30000. Wie heißt sie?
27 500

e) Meine Zahl ist um 30000 kleiner als die größte fünfstellige Zahl. Wie heißt sie?
69 999

Kopfrechnen bis 100 000: addieren und subtrahieren

SB S. 42/43

① Rechne. Achte auf die Stellenwerte.

HT	ZT	T	H	Z	E		
	3	4	1	2	3	+ 40 =	34 163
	3	4	1	2	3	+ 400 =	34 523
	3	4	1	2	3	+ 40000 =	74 123
	3	4	1	2	3	+ 4 =	34 127
	3	4	1	2	3	+ 4000 =	38 123

HT	ZT	T	H	Z	E		
	4	5	8	6	7	− 3000 =	42 867
	4	5	8	6	7	− 300 =	45 567
	4	5	8	6	7	− 30000 =	15 867
	4	5	8	6	7	− 3 =	45 864
	4	5	8	6	7	− 30 =	45 837

② Von leichten zu schwierigen Aufgaben

a) 35000 + 40000 = 75 000
35000 + 42000 = 77 000
35700 + 42000 = 77 700
35700 + 42100 = 77 800
35760 + 42100 = 77 860
35760 + 42130 = 77 890

b) 85000 − 20000 = 65 000
85000 − 22000 = 63 000
85300 − 22000 = 63 300
85300 − 22100 = 63 200
85360 − 22100 = 63 260
85360 − 22140 = 63 220

③ Ergänze.

1000	
300	700
20	980
410	590
760	240

10000	
3000	7 000
200	9 800
4100	5 900
7600	2 400

100000	
60 000	40000
62 000	38000
26 000	74000
5 000	95000

④ Verbinde Aufgabe und Ergebnis.

a)

36000 + 15000	54000
38000 + 16000	52000
34000 + 18000	51000

b)

62000 − 34000	27000
65000 − 36000	28000
64000 − 37000	29000

c)

78930 + 200	79110
78820 + 290	79020
78998 + 22	79130

d)

46130 − 200	45920
46270 − 350	45930
46008 − 93	45915

Kopfrechnen bis 100 000: multiplizieren und dividieren

SB S. 44/45

① Rechne.

61 · 10 = 610	28 000 : 10 = 2 800	84 000 : 1 000 = 84
61 · 100 = 6 100	28 000 : 100 = 280	100 · 84 = 8 400
61 · 1 000 = 61 000	28 000 : 1 000 = 28	84 000 : 100 = 840
610 · 100 = 61 000	2 800 : 100 = 28	10 · 8 400 = 84 000

② Merkaufgaben

100	1000	10 000	100 000
2 · 50	2 · 500	2 · 5 000	2 · 50 000
4 · 25	4 · 250	4 · 2 500	4 · 25 000
5 · 20	5 · 200	5 · 2 000	5 · 20 000
10 · 10	10 · 100	10 · 1 000	10 · 10 000

③ Aufgabenfamilien

a) 8 · 4

8 · 40 = 320
80 · 40 = 3 200
8 · 400 = 3 200
80 · 400 = 32 000
800 · 40 = 32 000

b) 3 · 7

3 · 70 = 210
30 · 7 = 210
3 · 700 = 2 100
300 · 7 = 2 100
300 · 70 = 21 000

c) 9 · 6

9 · 60 = 540
90 · 6 = 540
900 · 6 = 5 400
9 · 600 = 5 400
900 · 60 = 54 000

④ Beim Dividieren hilft die Umkehraufgabe. Rechne.

a)

8 100 : 9 = 900
900 · 9 = 8 100

56 000 : 70 = 800
800 · 70 = 56 000

b)

54 000 : 600 = 90
90 · 600 = 54 000

3 500 : 5 = 700
700 · 5 = 3 500

c)

7 200 : 80 = 90
90 · 80 = 7 200

280 000 : 4 000 = 70
70 · 4 000 = 280 000

Knifflige Aufgaben ①

SB S. 46/47

① Thomas hat 320 Sammelkarten.
Es sind dreimal so viele Fußballkarten wie Autokarten.

Wie viele Fußballkarten hat er?

320 : 4 = 80
80 · 3 = 240

A: Thomas hat 240 Fußballkarten.

② Auf dem See schwimmen Enten und Schwäne.
Zusammen sind es 85 Tiere.
Es sind 31 Schwäne weniger als Enten.

Wie viele Schwäne und Enten sind es?

85 − 31 = 54
54 : 2 = 27
85 − 27 = 58

Enten	Schwäne	Unterschied
50	35	15
55	30	25
usw.		

A: Es gibt 58 Enten und 27 Schwäne.

③ Lasse und seine Schwester haben zusammen 124 € gespart. Lasse hat 26 € mehr.
Wie viel Geld hat jeder?

Lasse:	Seine Schwester:	Unterschied:
72	52	20
75	49	26

124 − 26 = 98   98 : 2 = 49

A: Lasse hat 75 €, seine Schwester hat 49 €.

Knifflige Aufgaben ②

SB S. 46/47

① Sophie geht um 14.00 Uhr von Dorfen in das 3 km 750 m entfernte Hausheim.
In einer Minute schafft sie 80 m.
Zur gleichen Zeit geht Anna von Hausheim in Richtung Dorfen. Sie schafft in einer Minute 70 m.

Wann treffen sie sich? Zeichne und rechne.

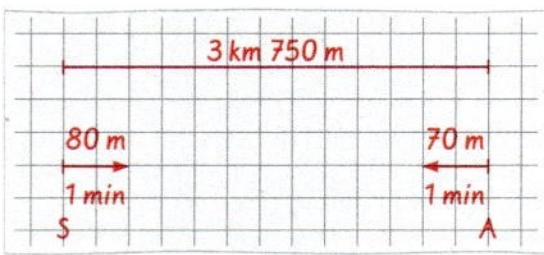

	Sophie	Anna	zusammen
1 min	80 m	70 m	150 m
5 min	400 m	350 m	750 m
10 min	800 m	700 m	1 500 m
25 min	2 000 m	1 750 m	3 750 m

A: Sie treffen sich um 14.25 Uhr.

② Igor radelt um 10.00 Uhr von Talheim ins 45 km entfernte Bergdorf.
Er fährt 18 km in der Stunde. Paul startet um dieselbe Zeit von Bergdorf nach Talheim, er fährt 12 km in der Stunde.

Wann treffen sie sich? Zeichne und rechne.

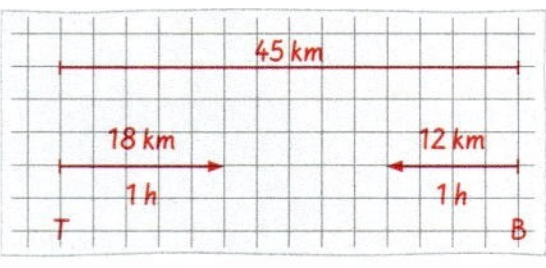

	Igor	Paul	zusammen
1 h	18 km	12 km	30 km
30 min	9 km	6 km	15 km
1 h 30 min	27 km	18 km	45 km

A: Sie treffen sich um 11.30 Uhr.

③ Ein Autobahntunnel soll 4 200 m lang werden. 1 800 m sind bereits fertiggestellt. Die Baufirma arbeitet von beiden Seiten gleichzeitig.
Täglich werden auf der einen Seite 32 m, auf der anderen Seite 28 m fertiggestellt. Nach wie vielen Arbeitstagen ist der Tunnel fertig?

Rest: 4200 m − 1800 m =
2400 m
Tage: 2400 m : 60 m = 40

	eine Seite	andere Seite	zusammen
1 Tag	32 m	28 m	60 m
10 Tage	320 m	280 m	600 m
40 Tage	1 280 m	1 120 m	2 400 m

A: Nach 40 Tagen ist der Tunnel fertig.

Grundwissen ②

SB S. 48/49

❶ Rechne. Die kleine Aufgabe hilft.

7 · 30 = 210	8 · 60 = 480	360 : 6 = 60	720 : 9 = 80	280 : 40 = 7
7 · 3 = 21	8 · 6 = 48	36 : 6 = 6	72 : 9 = 8	28 : 4 = 7

❷ Rechne auf deinem Weg.

84 · 6

z. B. 84 · 6 = 504
80 · 6 = 480
4 · 6 = 24

598 : 6

z. B. 598 : 6 = 99 R 4
540 : 6 = 90
54 : 6 = 9

❸ Eine Zahl – drei Schreibweisen

	HT	ZT	T	H	Z	E	
34 502		3	4	5	0	2	3ZT 4T 5H 2E
71 024		7	1	0	2	4	7ZT 1T 2Z 4E
102 076	1	0	2	0	7	6	1HT 2T 7Z 6E
67 730		6	7	7	3	0	6ZT 7T 7H 3Z

❹ Ergänze.

a)

1 000	
400	600
70	930
80	920
280	720

10 000	
4 000	6 000
700	9 300
800	9 200
2 800	7 200

b)

1 000	
510	490
990	10
680	320
222	778

100 000	
51 000	49 000
99 000	1 000
68 000	32 000
22 200	77 800

❺ In einem Säckchen sind 5 Würfel. Emma hat 50-mal gezogen.
Welche Aussagen könnten stimmen? Kreuze an (X).

a)

blau	卌
gelb	卌 卌 卌 卌 卌 卌 卌
rot	
grün	卌 卌 卌

◯ Es sind sicher alle 4 Farben im Säckchen.
(X) Es ist eher wahrscheinlich, dass es mehr gelbe als blaue Würfel sind.
(X) Es ist möglich, dass ein roter Würfel im Säckchen ist.
(X) Es könnten gleich viele blaue und grüne Würfel sein.

Bist du fit? ②

S B S. 48/49

1 Rechne auf deinem Weg.

a)

43 · 7 = 301
z. B. 40 · 7 = 280
3 · 7 = 21

5 · 96 = 480
5 · 90 = 450
5 · 6 = 30

283 · 6 = 1698
200 · 6 = 1200
80 · 6 = 480
3 · 6 = 18

b)

246 : 6 = 41
z. B. 240 : 6 = 40
6 : 6 = 1

441 : 7 = 63
420 : 7 = 60
21 : 7 = 3

641 : 9 = 71 R2
630 : 9 = 70
9 : 9 = 1

2 Trage die Zahlen in die Stellenwerttafel ein.

	HT	ZT	T	H	Z	E
sechsunddreißigtausendzwei		3	6	0	0	2
dreiundfünfzigtausendfünfhundertzwölf		5	3	5	1	2
neunundneunzigtausendsiebenundsiebzig		9	9	0	7	7
sechzigtausendachthundertsechsundvierzig		6	0	8	4	6

3 a)

7800 + 360 = 8160
3994 + 8 = 4002
24940 + 200 = 25140
59996 + 9 = 60005

b)

6300 – 520 = 5780
7006 – 7 = 6999
23280 – 400 = 22880
60037 – 50 = 59987

4 Ben spielt mit Simon „Welche Farbe wird am öftesten gezogen?“ Diese Farbe gewinnt. Ben wählt „Blau“, Simon wählt „Grün“.

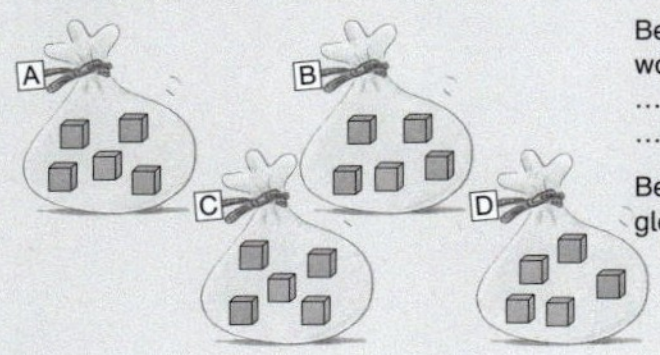

Bei welchem Säckchen ist es eher wahrscheinlich, …
… dass Ben gewinnt? Säckchen D
… dass Simon gewinnt? Säckchen A

Bei welchen Säckchen haben beide die gleichen Chancen zu gewinnen?
Säckchen B und C

Geo-Burgen

S B S. 50/51

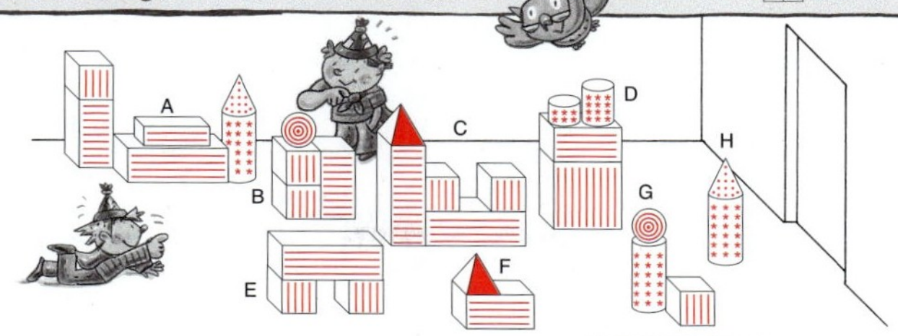

① Zähle die Körper.

9 Würfel, 9 (18) Quader, 2 Kegel, 5 Zylinder, 2 Kugeln, 2 Pyramiden

Der Würfel ist ein besonderer Quader.

Färbe die Würfel blau, die Quader gelb, die Kegel rot, die Zylinder braun, die Kugeln grün, die Pyramiden schwarz und die Prismen lila.

② Wer sieht welches Gebäude so? Trage den richtigen Buchstaben und den Namen ein.

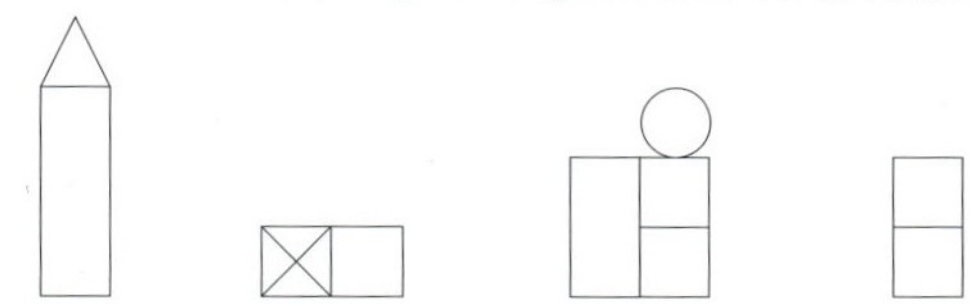

C Simsala, F Eulalia, B Bim, E Simsala

C Bim, E Eulalia, B Simsala

③ Gebäude von unten: Trage den richtigen Buchstaben ein.

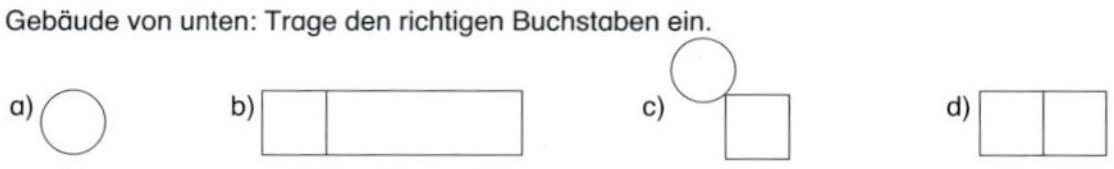

a) H, b) C, c) G, d) B

Der Quader

S B S. 52/53

① Aus diesen Flächen kannst du zwei verschiedene Quader bauen.
Färbe die Flächen mit zwei unterschiedlichen Farben.

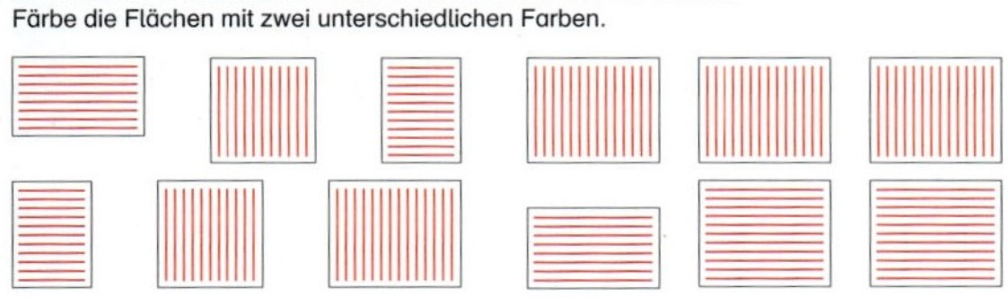

② Fülle die Tabelle aus.

	Anzahl der Kanten	Anzahl der Ecken	Anzahl der Flächen	Flächenformen (Quadrat, Rechteck)
Würfel	12	8	6	Quadrat/Rechteck
Quader	12	8	6	Rechteck

③ Immer 2 Teile ergeben einen Quader. Male sie mit der gleichen Farbe aus.

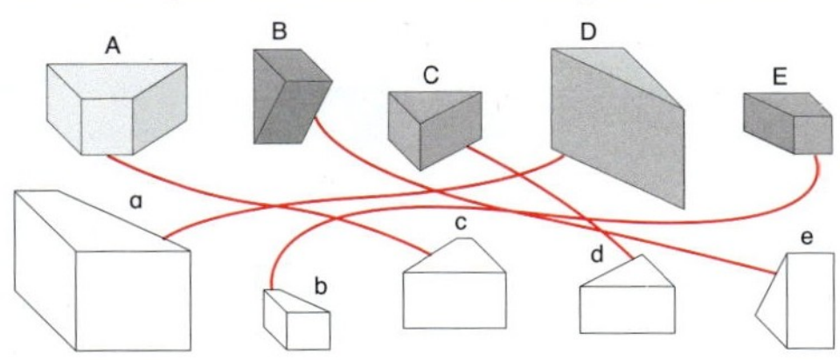

④ Wie viel Geschenkband brauchst du, um das Paket zu schmücken?
Für die Knoten und die Schleife benötigst du 80 cm Band.

2 · 60 = 120
2 · 30 = 60
4 · 20 = 80

120
60
80
+ 80
340

A: Ich brauche 3,40 m Band.

Würfelnetze – Quadernetze

S B S. 54/55

① Färbe bei den Quadernetzen die Flächen gleich, die sich beim gefalteten Quader gegenüberliegen.

Der Würfel ist ein besonderer Quader.

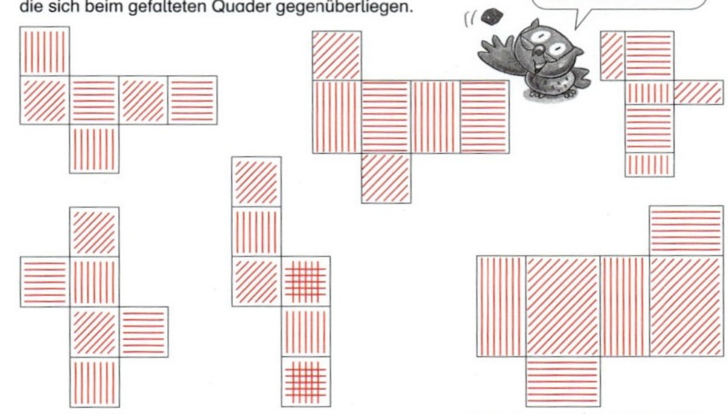

② Ergänze zu vollständigen Quadernetzen.

Du kannst die Quadernetze auch auf Karopapier nachzeichnen, ausschneiden und dann durch Falten überprüfen.

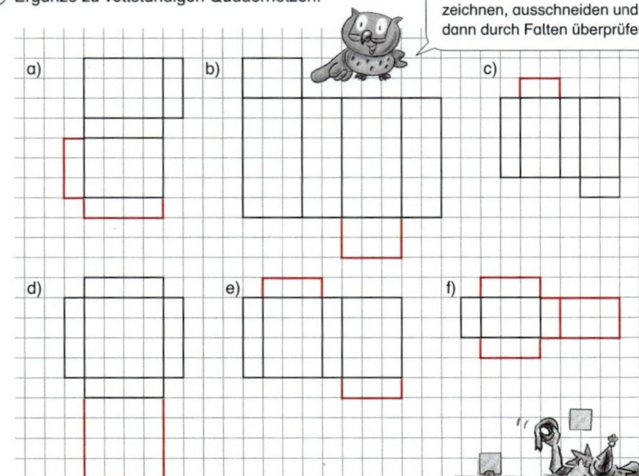

Zeichne weitere Quadernetze auf Karopapier, schneide sie aus und klebe sie in dein .

In Schritten zur Million

SB S. 56/57

① Trage die Zahlen – nach der Größe geordnet – in die Stellenwerttafel ein.

249 869 · 5 900 · 479 · ★ 1 838 520 · 127 · 3 590 · 802 797 · ★ 1 427 281 · ★ 2 709 241

M	HT	ZT	T	H	Z	E	
				1	2	7	127
				4	7	9	479
			3	5	9	0	3 590
			5	9	0	0	5 900
	2	4	9	8	6	9	249 869
	8	0	2	7	9	7	802 797
1	4	2	7	2	8	1	1 427 281
1	8	3	8	5	2	0	1 838 520
2	7	0	9	2	4	1	2 709 241

Schaffst du auch die ★-Aufgaben?

② a) Kreise die Stellen ein, die zusammengehören. Verbinde mit dem passenden Zahlwort.

- 624502 – sechshundertvierundzwanzigtausendfünfhundertzwei
- 6422 – sechstausendvierhundertzweiundzwanzig
- 642520 – sechshundertzweiundvierzigtausendfünfhundertzwanzig
- 66502 – sechsundsechzigtausendfünfhundertzwei
- 26250 – sechsundzwanzigtausendzweihundertfünfzig

b) Schreibe die Zahlen von a) auf. Achte auf die Leselücke.

624 502 · 642 520 · 26 250 · 6 422 · 66 502

Legen, spielen, rechnen bis zur Million

SB S. 58/59

① Kreise immer die Stellen ein, die du beim Lesen zusammenfasst. Lies die Zahlen dann vor. Schreibe sie mit Leselücken auf.

a) 34617, 461789, 1176663 b) 903122, 3400351, 30012

a) 34 617 · 461 789 · 1 176 663
b) 903 122 · 3 400 351 · 30 012

② Verbinde jede Sprechblase mit der passenden Zahlenkarte.

- viertausend – 4 000
- achthunderttausend – 800 000
- neuntausend – 9 000
- drei Millionen – 3 000 000
- siebentausend – 7 000
- sechzigtausend – 60 000
- vier Millionen – 4 000 000
- zwanzigtausend – 20 000
- sechs Millionen – 6 000 000
- neunhunderttausend – 900 000
- vierhunderttausend – 400 000
- siebzigtausend – 70 000

③ Unterteile die Zahlwörter so, dass du sie gut lesen kannst. Verbinde Zahlwort und Zahl.

- vierunddreißigtausend|zweihundertfünfunddreißig – 34 235
- achthundertdreißigtausend|neunhundertvierundvierzig – 830 944
- siebentausend|fünfhundertsechzig – 7 560
- siebzigtausend – 70 000
- eintausend|sechshundertdreiundvierzig – 1 643
- vierhundertdreiundzwanzigtausend|zwölf – 423 012
- ★ drei Millionen|vierhunderttausend – 3 400 000

Zahlen am Zahlenstrahl bis zur Million ①

SB S. 60/61

① Ergänze die fehlenden Zahlen und ordne die Kärtchen richtig zu.

Kärtchen: 90 000 · 130 000 · 350 000 · 420 000 · 290 000 · 580 000 · 690 000

Zahlenstrahl: 0 · 100 000 · 200 000 · 300 000 · 400 000 · 500 000 · 600 000 · 700 000

Kärtchen: 877 000 · 851 000 · 874 000 · 891 000 · 922 000 · 901 000

Zahlenstrahl: 850 000 · 860 000 · 870 000 · 880 000 · 890 000 · 900 000 · 910 000 · 920 000

② a) Zwischen welchen Hunderttausendern liegen die Zahlen? Male den Hunderttausender an, der näher liegt.

400 000	467 831	**500 000**	0	63 064	**100 000**
500 000	506 340	600 000	**700 000**	745 989	800 000
700 000	770 651	**800 000**	**300 000**	342 567	400 000

b) Zwischen welchen Zehntausendern liegen die Zahlen? Male den Zehntausender an, der näher liegt.

460 000	467 831	**470 000**	**60 000**	63 064	70 000
500 000	506 340	**510 000**	740 000	745 989	**750 000**
770 000	770 651	780 000	**340 000**	342 567	350 000

c) Nachbarzahlen

Vorgänger		Nachfolger	Vorgänger		Nachfolger
599 999	600 000	600 001	39 999	40 000	40 001
199 999	200 000	200 001	69 999	70 000	70 001
899 999	900 000	900 001	19 999	20 000	20 001

Schreibe Zahlen und ihre Nachbarzahlen in dein Heft.

Zahlen am Zahlenstrahl bis zur Million ②

SB S. 60/61

① Zähle in Schritten weiter.

a) 150 000, 200 000, 250 000, 300 000, 350 000, 400 000, 450 000
670 000, 677 000, 684 000, 691 000, 698 000, 705 000, 712 000
199 995, 199 997, 199 999, 200 001, 200 003, 200 005, 200 007

b) 80 000, 79 500, 79 000, 78 500, 78 000, 77 500, 77 000
540 900, 540 500, 540 100, 539 700, 539 300, 538 900, 538 500
265 612, 265 609, 265 606, 265 603, 265 600, 265 597, 265 594

★ c) 492 390, 492 391, 492 393, 492 396, 492 400, 492 405, 492 411 (+1, +2, +3)
506 110, 506 105, 506 095, 506 090, 506 080, 506 075, 506 065 (−5, −10, −5)
97 683, 97 693, 97 690, 97 700, 97 697, 98 707, 97 704 (+10, −3, +10)

② Vergleiche mit <, >, =.

506 340 < 560 340	65 340 < 560 430	506 034 = 506 034
234 567 < 243 567	642 576 > 534 257	889 888 > 888 988
673 957 > 391 004	78 462 < 673 856	672 890 = 672 890

③ Zahlenrätsel

a) Meine Zahl liegt genau in der Mitte zwischen 200 000 und 230 000. Welche Zahl ist es?
215 000

b) Meine Zahl hat dreimal die Ziffer 7 und dreimal die 5. Sie ist die größte Zahl, die man mit diesen Ziffern bilden kann. Wie heißt die Zahl?
777 555

c) Bilde die kleinste Zahl aus den Ziffern 0, 1, 2, 3, 4, 5, die zwischen 500 000 und 600 000 liegt.
501 234

d) Meine Zahl ist sechsstellig. Sie ist kleiner als 500 000, aber größer als 400 000. Alle Zahlen sind gleich. Wie heißt meine Zahl?
444 444

Schreibe Zahlenrätsel in dein Heft.

Kopfrechnen bis 1 000 000: addieren und subtrahieren

SB S. 62/63

① Rechne. Achte auf die Stellenwerte.

a)

HT	ZT	T	H	Z	E		
4	2	1	3	4	4	+ 50 000 =	471 344
4	2	1	3	4	4	+ 50 =	421 394
4	2	1	3	4	4	+ 500 000 =	921 344
4	2	1	3	4	4	+ 5 000 =	426 344

b)

HT	ZT	T	H	Z	E		
7	6	8	9	5	7	– 40 000 =	728 957
7	6	8	9	5	7	– 4 =	768 953
7	6	8	9	5	7	– 400 =	768 557
7	6	8	9	5	7	– 400 000 =	368 957

② Von leichten zu schwierigen Aufgaben

a) 240 000 + 520 000 = 760 000
245 000 + 520 000 = 765 000
245 000 + 524 000 = 769 000
245 300 + 524 000 = 769 300
245 300 + 524 600 = 769 900

b) 870 000 – 350 000 = 520 000
874 000 – 350 000 = 524 000
874 000 – 353 000 = 521 000
874 400 – 353 000 = 521 400
874 400 – 353 200 = 521 200

③ Ergänze.

100 000	
60 000	40 000
28 000	72 000
81 000	19 000

1 000 000	
600 000	400 000
280 000	720 000
810 000	190 000

1 000 000	
700 000	300 000
550 000	450 000
210 000	790 000

④ Schriftlich oder im Kopf?

554 399 + 396 012 = 950 411
250 000 + 270 000 = 520 000
276 501 + 384 807 = 661 308
587 000 + 20 000 = 607 000

438 793 – 286 925 = 151 868
710 000 – 460 000 = 250 000
980 600 – 10 500 = 970 100
736 290 – 399 017 = 337 273

Kopfrechnen bis 1 000 000: multiplizieren und dividieren

SB S. 64/65

① Netze mit Mal- und Geteiltaufgaben: Finde weitere Aufgaben.

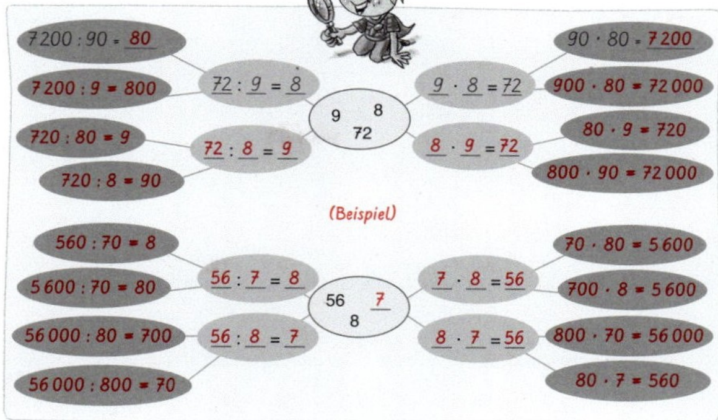

② Denke an die kleine Aufgabe. Rechne.

800 · 400 = 320 000
80 · 40 = 3 200

70 · 600 = 42 000
7 · 60 000 = 420 000

3 000 · 90 = 270 000
30 · 9 000 = 270 000

③ Finde zu den folgenden Produkten passende Multiplikationsaufgaben.

z. B. 600 · 400 = 240 000 | 40 · 90 = 3 600 | 900 · 80 = 72 000
z. B. 60 · 4 000 = 240 000 | 900 · 4 = 3 600 | 80 · 900 = 72 000
z. B. 300 · 800 = 240 000 | 60 · 60 = 3 600 | 8 000 · 9 = 72 000

④ Im Kopf oder halbschriftlich? Rechne.

220 000 · 4 = 880 000
97 720 : 70 = 1 396
540 060 : 60 = 9 001

z. B.
97 720 : 70 = 1 396
70 000 : 70 = 1 000
21 000 : 70 = 300
6 300 : 70 = 90
420 : 70 = 6

Flüssigkeiten schätzen und messen – Milliliter und Liter

SB S. 66/67

① Ergänze die Tabelle.

„In jeder Zeile genau 1 Liter!"

	500 ml	100 ml	750 ml	200 ml	250 ml
1 l	1	1	0	2	0
1 l	0	0	1	0	1
1 l	0	3	0	1	2
1 l	1	3	0	1	0
1 l	0	4	0	3	0
1 l	0	5	0	0	2

② Ergänze auf 1 Liter.

1 l	
500 ml	500 ml
250 ml	750 ml
225 ml	775 ml
850 ml	150 ml

1 l	
800 ml	200 ml
650 ml	350 ml
125 ml	875 ml
950 ml	50 ml

1 l	
25 ml	975 ml
970 ml	30 ml
175 ml	825 ml
955 ml	45 ml

③ Ergänze auf 1 Liter. Es gibt mehrere Lösungen. Überprüfe durch Messen. z. B.

④ a) Familie Mader besitzt einen Sprudelautomaten und 4 Flaschen. Jede Flasche fasst genau 1 Liter. Für wie viele Trinkgläser (je 250 ml) reicht das Wasser, wenn alle 4 Flaschen gefüllt sind?

1 Flasche: 4 Gläser
4 Flaschen: 4 · 4 = 16

A: Das Wasser reicht für 16 Trinkgläser.

b) Julian behauptet: „In einer Woche trinken wir 100 Liter." Kann das stimmen?

Rechnen mit Millilitern und Litern

SB S. 68/69

① Zeichne ein: 1 l, $\frac{1}{2}$ l, $\frac{1}{4}$ l, $\frac{1}{8}$ l. Rechne in Milliliter um.

1 l = 1000 ml
$\frac{1}{2}$ l = 500 ml
$\frac{1}{4}$ l = 250 ml
$\frac{1}{8}$ l = 125 ml

② Wie viel fehlt zum Liter? Ergänze. Überprüfe durch Nachrechnen.

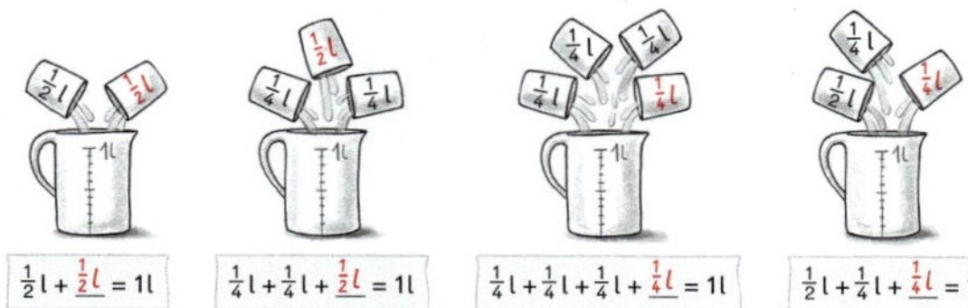

$\frac{1}{2}$ l + $\frac{1}{2}$ l = 1 l
$\frac{1}{4}$ l + $\frac{1}{4}$ l + $\frac{1}{2}$ l = 1 l
$\frac{1}{4}$ l + $\frac{1}{4}$ l + $\frac{1}{4}$ l + $\frac{1}{4}$ l = 1 l
$\frac{1}{2}$ l + $\frac{1}{4}$ l + $\frac{1}{4}$ l = 1 l

③ Verbinde die Bilder mit den Angaben. Ergänze die fehlenden Angaben.

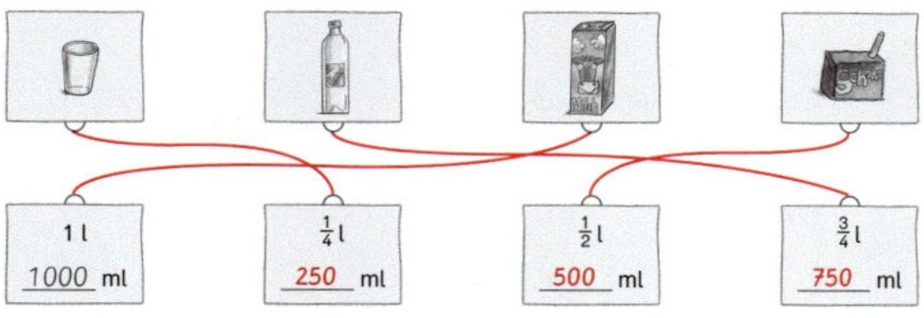

1 l — 1000 ml
$\frac{1}{4}$ l — 250 ml
$\frac{1}{2}$ l — 500 ml
$\frac{3}{4}$ l — 750 ml

④ Stell dir vor, du müsstest ein Planschbecken (200 l) mithilfe von $\frac{1}{4}$-l-Trinkgläsern füllen. Das Befüllen jedes Glases dauert 15 s. Wie viel Zeit brauchst du insgesamt?

1 l 4 Trinkgläser 1 min = 4 · 15 s
200 l 200 min

A: Du brauchst 200 Minuten = 3 h 20 min.

Wasser ist kostbar

SB S. 70/71

① Eine Person verbraucht im Durchschnitt pro Tag 120 l Wasser.

Wie hoch ist der Wasserverbrauch einer 5-köpfigen Familie an einem Tag (in einer Woche)?

1 Tag: 5 · 120 l = 600 l

1 Woche: 7 · 600 l = 4200 l

A: An einem Tag beträgt der Wasserverbrauch 600 l.

In einer Woche brauchen sie 4200 l.

② Ein Toiletten-Spülgang verbraucht 6 l Wasser, für einmal Händewaschen rechnet man 2 l Wasser.

Wie viel Wasser verbraucht eine 5-köpfige Familie täglich (wöchentlich) auf der Toilette, wenn jede Person diese 5-mal pro Tag benutzt?

6 l + 2 l = 8 l

8 l · 5 · 5 = 200 l (1 Tag)

200 l · 7 = 1400 l (1 Woche)

A: Täglich verbraucht die Familie 200 l.

Wöchentlich verbraucht sie 1400 l.

☆ ③ Julian und seine Eltern baden einmal pro Woche. Die Erwachsenen benötigen dafür jeweils 150 l Wasser, für Julian reichen 100 l. An den anderen Tagen duschen sie. Dabei verbraucht Julian 60 l Wasser, seine Eltern je 90 l pro Tag.

Wie viel Wasser verbraucht die Familie für Baden und Duschen pro Woche?

Baden: 2 · 150 l = 300 l
1 · 100 l = 100 l

300 l + 100 l = 400 l

Duschen: 2 · 90 l · 6 = 1080 l
60 l · 6 = 360 l

1080 l + 360 l = 1440 l

400 l + 1440 l = 1840 l

A: Die Familie verbraucht pro Woche 1840 l.

Grundwissen ③

SB S. 72/73

1 Eine Zahl – drei Schreibweisen

	M	HT	ZT	T	H	Z	E	
381034		3	8	1	0	3	4	3HT 8ZT 1T 3Z 4E
304621		3	0	4	6	2	1	3HT 4T 6H 2Z 1E
843401		8	4	3	4	0	1	8HT 4ZT 3T 4H 1E
508830		5	0	8	8	3	0	5HT 8T 8H 3Z

2 Ergänze.

100000	
61000	39000
11000	89000
47000	53000
8000	92000

1000000	
610000	390000
110000	890000
470000	530000
80000	920000

3 Rechne mit vollen Zehntausendern.

a)
170000 + 490000 = 660000
350000 + 580000 = 930000
660000 + 340000 = 1000000

b)
640000 – 180000 = 460000
810000 – 590000 = 220000
760000 – 270000 = 490000

4 Rechne. Die kleine Aufgabe hilft.

6000 · 20 = 120000
6 · 2 = 12
600 · 20 = 12000

360000 : 9 = 40000
36 : 9 = 4
3600 : 9 = 400

54000 : 6 = 9000
54 : 6 = 9
540000 : 6 = 90000

5 Welche Burg siehst du von wo? unten | rechts | ?

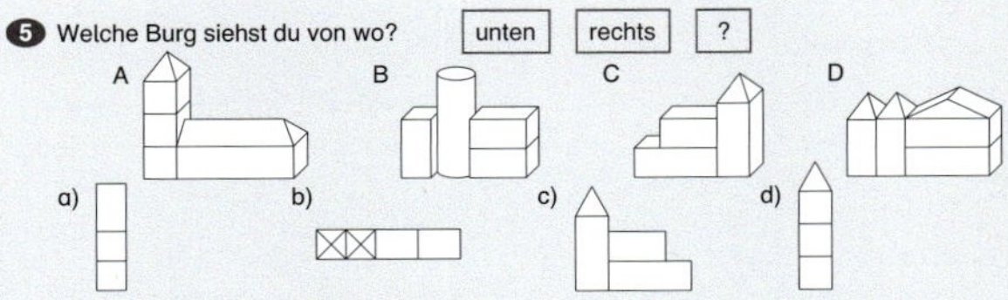

a) Burg B von rechts

b) Burg D von oben

c) Burg C von hinten

d) Burg A von links

Bist du fit? ③

SB S. 72/73

1 Trage die Zahlen in die Stellenwerttafel ein.

	M	HT	ZT	T	H	Z	E
dreihundertachtzehntausendsechs		3	1	8	0	0	6
vierundsiebzigtausendzweihundertelf			7	4	2	1	1
☆ eine Million achtundsiebzigtausend	1	0	7	8	0	0	0

2 Ergänze.

1000000	
230000	770000
560000	440000
70000	930000

1000000	
80000	920000
620000	380000
940000	60000

1000000	
590000	410000
870000	130000
655000	345000

3 Rechne.

a)
26700 + 340 = 27040
64399 + 7 = 64406
386400 + 5000 = 391400
799996 + 8 = 800004

b)
67800 – 940 = 66860
31004 – 5 = 30999
875700 – 6000 = 869700
400002 – 300 = 399702

4 Multipliziere und dividiere im Kopf. Finde weitere Aufgaben.

40000 · 3 = 120000
400 · 300 = 120000
4 · 30 = 120
z. B. 40 · 30 = 1200
z. B. 400 · 30 = 12000

560000 : 70 = 8000
5600 : 700 = 8
56 : 7 = 8
z. B. 560000 : 7 = 80000
z. B. 560000 : 700 = 800

5 Ergänze zu vollständigen Quadernetzen. Färbe dann gegenüberliegende Seiten gleich.

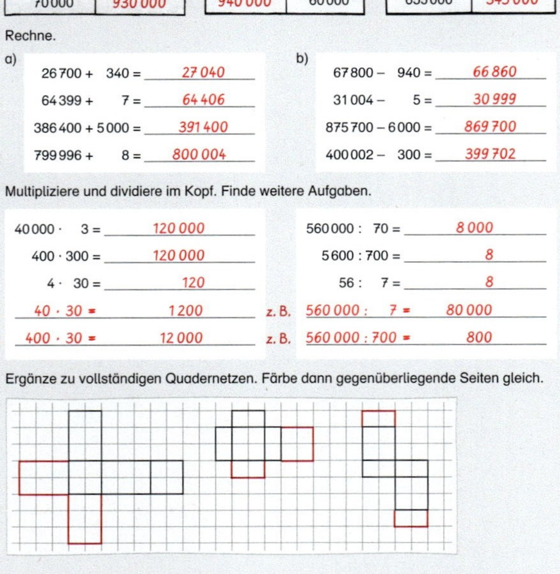

Schriftlich multiplizieren

SB S. 74/75

① Rechne schriftlich.

527 · 8 = 4216
673 · 4 = 2692
589 · 2 = 1178
761 · 7 = 5327
4926 · 5 = 24630

② Überschlage und ordne die Aufgaben ein.

a) 573 · 6 b) 724 · 4 c) 394 · 8 d) 693 · 3 e) 476 · 9 f) 617 · 7

Produkt kleiner als 3000	Produkt zwischen 3000 und 4000	Produkt größer als 4000
724 · 4	573 · 6	476 · 9
693 · 3	394 · 8	617 · 7

a) 573 · 6 = 3438
b) 724 · 4 = 2896
c) 394 · 8 = 3152
d) 693 · 3 = 2079
e) 476 · 9 = 4284
f) 617 · 7 = 4319

③ Vorsicht, Nullen! Überschlage und rechne.

Ü: 400 · 8 = 3200 — 403 · 8 = 3224

Ü: 400 · 6 = 2400 — 365 · 6 = 2190

Ü: 3000 · 9 = 27000 — 2610 · 9 = 23490

④ Zwei Ergebnisse sind falsch. Streiche die falschen Ergebnisse durch und rechne richtig.

a) 9405 · 3 = 28215
b) 6040 · 5 = ~~30000~~
c) 5076 · 6 = 30456
d) 8004 · 9 = ~~7236~~

6040 · 5 = 30200

8004 · 9 = 72036

Der Null auf der Spur
SB S. 76

① Rechne schriftlich.

117 · 50 = 5850
486 · 200 = 97200
1584 · 400 = 633600
3003 · 30 = 90090
103 · 90 = 9270
807 · 600 = 484200
2172 · 300 = 651600
5718 · 70 = 400260

② Achte auf die Nullen! Rechne.

a) 806 · 400 = 322400
767 · 200 = 153400
707 · 600 = 424200

b) 509 · 700 = 356300
362 · 500 = 181000
403 · 900 = 362700

Die Ergebnisse in jeder Reihe ergeben zusammen 900000. Stimmt das?

322400 + 153400 + 424200 = 900000
356300 + 181000 + 362700 = 900000

③ Überschlage zuerst. Rechne dann.

Ü: 4000 · 50 = 200000
Ü: 7000 · 600 = 4200000
Ü: 10000 · 70 = 700000

3904 · 50 = 195200
7050 · 600 = 4230000
12105 · 70 = 847350

④ Ergänze fehlende Ziffern.

[6]543 · 7 = 45[8][0][1]
[5]847 · 6 = 35[0][8]2
[3]71[4] · 3 = 11[1]42
[9]812 · 9 = 8830[8]

Schriftlich multiplizieren mit großen Zahlen
SB S. 78/79

① Rechne schriftlich.

33 · 17: 330 + 231 = 561
69 · 24: 1380 + 276 = 1656
526 · 81: 42080 + 526 = 42606
369 · 74: 25830 + 1476 = 27306

② a) Wo stecken die Fehler? Verbinde mit dem passenden Tipp.

418 · 76: 29260 + 2502 = 31762
372 · 15: 3720 + 1860 = 4580
921 · 32: 2763 + 1842 = 4605
754 · 98: 63560 + 5602 = 69162

Einmaleins üben | auf Gemerktzahlen achten | Auf die Stellen achten

b) Rechne richtig.

418 · 76: 29260 + 2508 = 31768
372 · 15: 3720 + 1860 = 5580
921 · 32: 27630 + 1842 = 29472
754 · 98: 67860 + 6032 = 73892

③ Ergänze fehlende Ziffern.

Hier wurde immer zuerst mit dem Zehner multipliziert.

[5]21 · 36: 156[3][0] + [3][1]26 = [1][8][7][5][6]
[9]4[8] · 27: 18960 + [6][6][3][6] = [2][5][5][9][6]
6[0]4 · 99: [5][4]360 + 543[6] = [5][9][7][9][6]
[7]43 · 65: 44580 + [3]715 = [4][8][2][9][5]

④ Im Kopf oder schriftlich?

370 · 96 = 35520
2100 · 30 = 63000
6418 · 19 = 121942

z. B. 370 · 96: 33300 + 2220 = 35520
6418 · 19: 64180 + 57762 = 121942

Viele, viele Malaufgaben
SB S. 80/81

Zwei Aufgaben kann ich mir sparen.

① Rechne nur die Aufgaben, deren Ergebnis zwischen 4000 und 5000 liegt.

59 · 74: 4130 + 236 = 4366
22 · 24
45 · 95: 4050 + 225 = 4275
63 · 78: 4410 + 504 = 4914
86 · 44

② Wie heißt das Lösungswort? Rechne und trage die Lösungsbuchstaben ein:
[S][U][P][E]R!

705 · 26: 14100 + 4230 = 18330
327 · 89: 26160 + 2943 = 29103
801 · 73: 56070 + 2403 = 58473
628 · 44: 25120 + 2512 = 27632

17763	18330	24700	27632	29103	36704	43721	58473
B	S	R	E	U	Z	A	P

③ Schöne Ergebnisse

481 · 21: 9620 + 481 = 10101
962 · 42: 38480 + 1924 = 40404
555 · 91: 49950 + 555 = 50505
1554 · 39: 46620 + 13986 = 60606

④ Setze die Aufgabenreihe fort. Vermute zuerst, wie das Ergebnis lautet. Überprüfe durch Rechnen.

a) 90 · 90 = 8100
89 · 91: 8010 + 89 = 8099
88 · 92: 7920 + 176 = 8096
87 · 93: 7830 + 261 = 8091

b) 70 · 70 = 4900
71 · 69: 4260 + 639 = 4899
72 · 68: 4320 + 576 = 4896
73 · 67: 4380 + 511 = 4891

Beim Einkaufen – Rechnen mit Kommazahlen ①
SB S. 82/83

① Frau Huber kauft ein. Wie viel muss sie bezahlen?

Einkauf	Einzelpreis	Menge	Gesamtpreis
2 Ananas	2,99 €	2	5,98 €
5 Kiwis	0,35 €	5	1,75 €
Trauben	1,99 €	1	1,99 €
3 Salate	0,99 €	3	2,97 €
		Summe:	12,69 €

A: Sie muss 12,69 € bezahlen.

② Melanie und Petra kaufen 1 kg Mandarinen und 4 Kiwis.
Sie bezahlen mit einem 5-Euro-Schein. Wie viel Geld bleibt übrig?

4 · 0,35 € = 1,40 €
5 € − 3,89 € = 1,11 €
2,49 € + 1,40 € = 3,89 €

A: Es bleiben 1,11 € übrig.

③ Berechne jeweils den günstigsten Preis.

5 Brötchen	35 ct · 5 = 175 ct = 1,75 €
20 Brötchen	4 €
7 Berliner	4 € + 1,10 € = 5,10 €
11 Berliner	6 € + 2,20 € = 8,20 €
3 Kirschtörtchen	2 € + 1,45 € = 3,45 €
4 Kirschtörtchen	4 €

Beim Einkaufen – Rechnen mit Kommazahlen ②

SB S. 82/83

① Die vierten Klassen der Erich-Kästner-Schule kaufen für das Klassenfest ein:

Einkauf	Einzelpreis	Gesamtpreis
3 Becher Quark	0,79 €	2,37 €
50 Brezeln	0,70 €	35 €
2 kg Weintrauben	1,79 €	3,58 €
3 kg Bananen	1,69 €	5,07 €
2 Päckchen Butter	1,19 €	2,38 €
	Summe:	48,40 €

Rechne hier oder auf deinem Block.

② 50 Butterbrezen, 22 Obstspieße und 25 Becher Früchtequark werden verkauft.

a) Wie viel wurde eingenommen?

50 · 1,20 € = 60 €
22 · 0,50 € = 11 €
25 · 0,50 € = 12,50 €

Zusammen:

Brezeln	60,00 €
Spieße	11,00 €
Quark	+ 12,50 €
Summe	83,50 €

b) Wie viel Geld bleibt am Ende für die Klassenkassen übrig?

Einnahme:	83,50 €
Ausgabe:	− 48,40 €
Gewinn für die Klassenkassen:	35,10 €

Kunst mit Zirkel und Geodreieck

SB S. 84/85

① Zeichne um jeden Punkt einen Kreis mit 1,2 cm Radius. Male das fertige Bild aus.

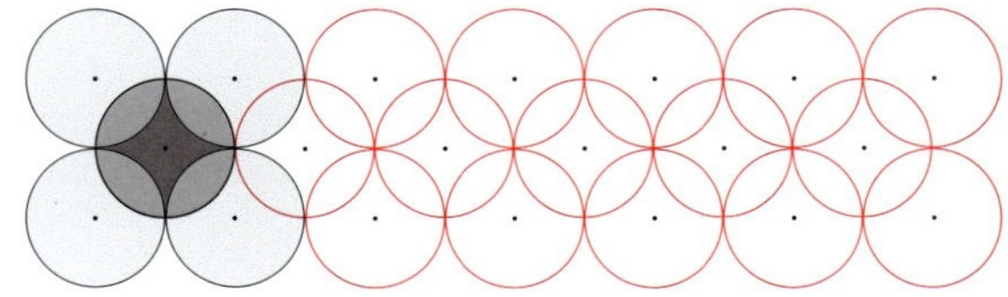

② Zeichne zu jeder Linie 2 Linien, die darauf senkrecht stehen (grün) und 2 parallele Linien (blau). Markiere die rechten Winkel.

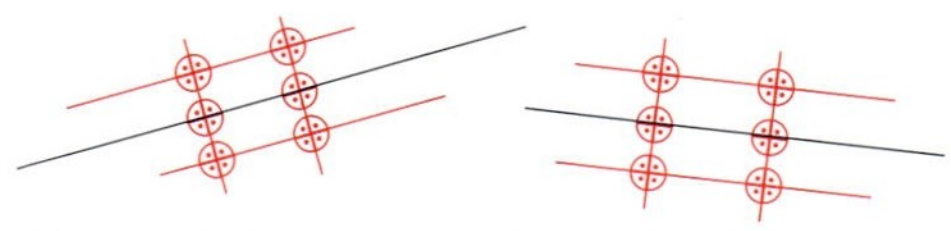

③ Ergänze die Linien zu Quadraten. Male die Flächen farbig aus.

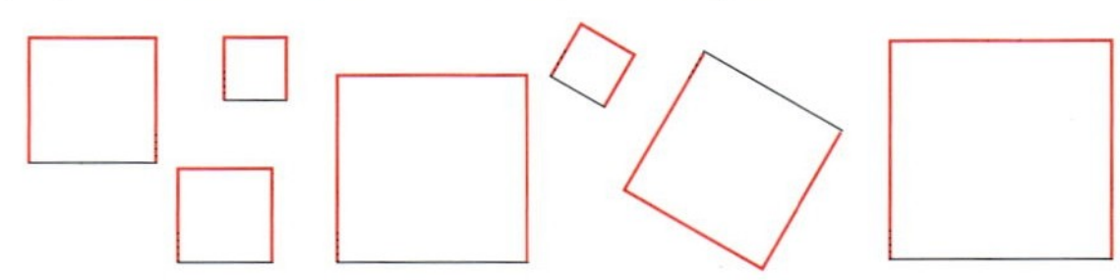

④ Zeichne Quadrate mit 4 cm Seitenlänge. Zeichne dann die Punkte und die Kreise ein. Male die Figuren farbig an.

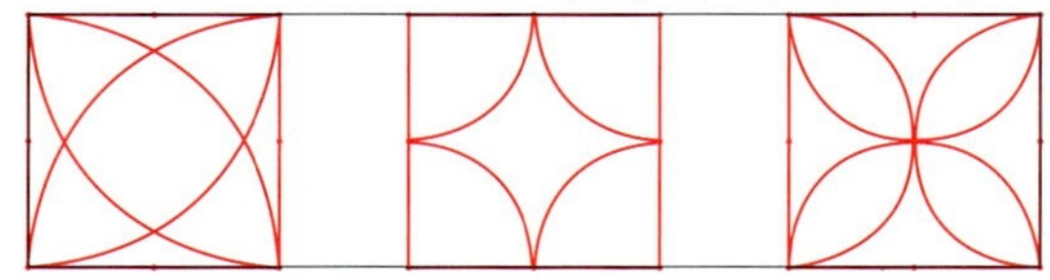

Zeichne solche Figuren in dein Heft.

Große Tiere

SB S. 86/87

① Tierbabys sind bei ihrer Geburt unterschiedlich schwer. Erstaunlich, wie schwer sie als ausgewachsene Tiere sind.

	Tierbaby	ausgewachsenes Tier
Pandabär	100 g	90 kg
Elefant	100 kg	6 t
Känguru	1 g	70 kg
Giraffe	60 kg	1 200 kg
Blauwal	3 t	150 t
Tiger	1 kg	300 kg

a) Ordne die Tiere nach ihrem Geburtsgewicht.

Känguru, Pandabär, Tiger, Giraffe, Elefant, Blauwal

b) Ändert sich die Reihenfolge, wenn die Tiere ausgewachsen sind? Ordne.

Känguru, Pandabär, Tiger, Giraffe, Elefant, Blauwal

c) Welche Tiere wiegen ausgewachsen mehr als 500 kg?

Giraffe, Elefant, Blauwal

d) Welches ausgewachsene Tier ist leichter als ein erwachsener Mensch (ca. 80 kg)?

Känguru

② Welche Aussagen stimmen für die ausgewachsenen Tiere? Kreuze sie an ☒.

- ☐ Ein Tiger ist schwerer als eine Giraffe.
- ☐ 20 Pandabären sind etwa genauso schwer wie eine Giraffe.
- ☒ Ein Blauwal ist etwa 25-mal schwerer als ein Elefant.
- ☒ Ein Känguru ist leichter als ein Pandabär.
- ☐ 2 Pandas und 2 Kängurus sind leichter als ein Tiger.
- ☒ Der Blauwal ist schwerer als alle anderen Tiere zusammen.

③ Berechnet den Nahrungsmittelverbrauch eines Zoo-Elefanten in 2 Tagen, in 10 Tagen und in 30 Tagen. Ergänze die Tabelle.

	Heu	Mehl	Brot	Obst/Gemüse	Salz	Laub/Blätter
1 Tag	65 kg	3 kg	2 kg	22 kg	250 g	50 kg
2 Tage	120 kg	6 kg	4 kg	44 kg	500 g	100 kg
10 Tage	650 kg	30 kg	20 kg	220 kg	2 500 g	500 kg
30 Tage	1950 kg	90 kg	60 kg	660 kg	7500 g	1500 kg

Schriftlich dividieren ①

SB S. 88/89

① Rechne schriftlich.

7524 : 6 = 1254
−6, 15, −12, 32, −30, 24, −24, 0

952 : 8 = 119
−8, 15, −8, 72, −72, 0

835 : 5 = 167
−5, 33, −30, 35, −35, 0

771 : 3 = 257
−6, 17, −15, 21, −21, 0

6532 : 4 = 1633
−4, 25, −24, 13, −12, 12, −12, 0

9982 : 7 = 1426
−7, 29, −28, 18, −14, 42, −42, 0

② Wie viele Stellen hat das Ergebnis? Setze vor dem Rechnen Bögen und Punkte. Begründe.

7728 : 8 = 966
−72, 52, −48, 48, −48, 0

7122 : 6 = 1187
−6, 11, −6, 52, −48, 42, −42, 0

2148 : 4 = 537
−20, 14, −12, 28, −28, 0

3175 : 5 = 635
−30, 17, −15, 25, −25, 0

8658 : 3 = 2886
−6, 26, −24, 25, −24, 18, −18, 0

3465 : 7 = 495
−28, 66, −63, 35, −35, 0

Schriftlich dividieren ②

SB S. 88/89

① So vergisst du keine Stelle: Ziehe Pfeile.

385866 : 9 = 42874
-36, 25, -18, 78, -72, 66, -63, 36, -36, 0

524736 : 6 = 87456
-48, 44, -42, 27, -24, 33, -30, 36, -36, 0

31784 : 4 = 7946
-28, 37, -36, 18, -16, 24, -24, 0

7896 : 7 = 1128
-7, 08, -7, 19, -14, 56, -56, 0

② Rechne und überprüfe dein Ergebnis.

5872 : 8 = 734
-56, 27, -24, 32, -32, 0

Ü: 5600 : 8 = 700

7617 : 3 = 2539
-6, 16, -15, 11, -9, 27, -27, 0

Ü: 6000 : 3 = 2000

38435 : 5 = 7687
-35, 34, -30, 43, -40, 35, -35, 0

Ü: 35000 : 5 = 7000

45858 : 6 = 7643
-42, 38, -36, 25, -24, 18, -18, 0

Ü: 42000 : 6 = 7000

Schriftlich dividieren – Vorsicht Nullen!

SB S. 90/91

① Immer zwei Aufgaben haben das gleiche Ergebnis. Umrahme mit der gleichen Farbe.

14456 : 8 = 1807
-8, 64, -64, 05, -0, 56, -56, 0

4515 : 5 = 903
-45, 01, -0, 15, -15, 3

570 : 3 = 190
-3, 27, -27, 00, -0, 0

10842 : 6 = 1807
-6, 48, -48, 04, -0, 42, -42, 0

1140 : 6 = 190
-6, 54, -54, 00, -0, 0

6321 : 7 = 903
-63, 02, -0, 21, -21, 0

② Vorsicht Fehler! Rechne die Aufgaben richtig. Verbinde mit dem richtigen Tipp.

1464 : 4 = 36
-12, 24, -24, 0

4932 : 6 = 8112
-48, 13, -6, 7, -6, 12, -12, 0

7005 : 5 = 1411
-5, 20, -20, 005, -5, 05

1464 : 4 = 366
-12, 26, -24, 24, -24, 0

4932 : 6 = 822
-48, 13, -12, 12, -12, 0

7005 : 5 = 1401
-5, 20, -20, 00, -0, 05, -5, 0

immer nur eine Stelle herunterholen

Pfeile ziehen

Der Rest muss kleiner als der Teiler sein.

Schriftlich dividieren mit kleinen Zahlen

SB S. 92/93

① Dividiere schriftlich und kontrolliere.

36579 : 6 = 6096 R 3
-36, 05, -0, 57, -54, 39, -36, 3

6096 · 6 = 36576

12893 : 3 = 4297 R 2
-12, 08, -6, 29, -27, 23, -21, 2

4297 · 3 = 12891

② Dividiere. Kannst du jeweils die zweite Aufgabe lösen, ohne schriftlich zu rechnen?

73487 : 7 = 10498 R 1
-7, 03, -0, 34, -28, 68, -63, 57, -56, 1

73486 : 7 = 10498

49306 : 8 = 6163 R 2
-48, 13, -8, 50, -48, 26, -24, 2

49304 : 8 = 6163

③ Schriftlich oder im Kopf?
Entscheide selbst und rechne. Du kannst auch auf deinem Block rechnen.

4865 : 5 = 973	80400 : 8 = 10050	3824 : 4 = 956
777777 : 7 = 111111	6732 : 9 = 748	30060 : 6 = 5010

4865 : 5 = 973
-45, 36, -35, 15, -15, 0

6732 : 9 = 748
-63, 43, -36, 72, -72, 0

3824 : 4 = 956
-36, 22, -20, 24, -24, 0

Schriftlich dividieren mit großen Zahlen ①

SB S. 92/93

① Dividiere schriftlich und kontrolliere.

91540 : 20 = 4577
-80, 115, -100, 154, -140, 140, -140, 0

4577 · 20 = 91540

63680 : 20 = 3184
-60, 36, -20, 168, -160, 80, -80, 0

3184 · 20 = 63680

71350 : 50 = 1427
-50, 213, -200, 135, -100, 350, -350, 0

1427 · 50 = 71350

46650 : 50 = 933
-450, 165, -150, 150, -150, 0

933 · 50 = 46650

14278 : 11 = 1298
-11, 32, -22, 107, -99, 88, -88, 0

1298 · 11: 12980 + 1298 = 14278

28116 : 11 = 2556
-22, 61, -55, 61, -55, 66, -66, 0

2556 · 11: 25560 + 2556 = 28116

② Besondere Ergebnisse

14808 : 12 = 1234
-12, 28, -24, 40, -36, 48, -48, 0

1234 · 12: 12340 + 2468 = 14808

148140 : 12 = 12345
-12, 28, -24, 41, -36, 54, -48, 60, -60, 0

12345 · 12: 123450 + 24690 = 148140

Schriftlich dividieren mit großen Zahlen ②

SB S. 92/93

① Vorsicht Fehler! Rechne die Aufgaben richtig. Verbinde mit dem richtigen Tipp.

```
773322 : 11 = 70302        4429 : 12 = 369 R 1        14100 : 20 = 705
-77                        -36                        -140
 03                          82                          10
 -0                         -72                          -0
  33                         109                         100
 -33                        -108                        -100
   02                           1                           0
   -0
    22
   -22
     0
```

```
773322 : 11 = 7029 R 3     4429 : 12 = 3519 R 1       14100 : 20 = 75
-77                        -36                        -140
 03                          82                          100
 -0                         -60                         -100
  32                          22                            0
 -22                         -12
  102                         109
  -99                        -108
    3                           1
```

immer nur eine Stelle herunterholen | Pfeile ziehen | Der Rest muss kleiner als der Teiler sein.

```
95809 : 11 = 879 R 10      44700 : 50 = 8814          8825 : 25 = 35 R 10
-88                        -400                       -75
  78                         470                       135
 -77                        -400                      -125
  109                         70                        10
  -99                        -50
   10                         200
                             -200
                                0
```

```
95809 : 11 = 8709 R 10     44700 : 50 = 894           8825 : 25 = 353
-88                        -400                       -75
  78                         470                       132
 -77                        -450                      -125
   10                         200                        75
   -0                        -200                       -75
   109                          0                         0
   -99
    10
```


Dividieren mit Forscherblick

SB S. 94/95

① a) Male an: ohne Rest | Rest 1 | Rest 2 | Rest 3.

893411 : 4 | 3424 : 4 | 71417 : 4 | 29028 : 4 | 56322 : 4 | 79007 : 4 | 944 : 4 | 12850 : 4 | 3437 : 4

b) Löse die Aufgaben, die ohne Rest durch 4 teilbar sind.

```
3424 : 4 = 856         29028 : 4 = 7257        944 : 4 = 236
-32                    -28                     -8
  22                     10                     14
 -20                     -8                    -12
   24                     22                     24
  -24                    -20                    -24
    0                      28                     0
                          -28
                            0
```

② Rechne nur Aufgaben, bei denen kein Rest entsteht.

7620 : 3 | 84028 : 3 | 973421 : 3
13694 : 3 | 13521 : 3 | 522 : 3

```
7620 : 3 = 2540        13521 : 3 = 4507        522 : 3 = 174
-6                     -12                     -3
 16                      15                     22
-15                     -15                    -21
  12                      02                     12
 -12                      -0                    -12
   00                      21                     0
   -0                     -21
    0                       0
```

③ Verändere die Zahlen an der Einerstelle so, dass sie durch 9 teilbar sind. Rechne.

1856 *1854* | 24047 *24048* | 831 *837*

```
1854 : 9 = 206         24048 : 9 = 2672        837 : 9 = 93
-18                    -18                     -81
 05                      60                      27
 -0                     -54                     -27
  54                      64                      0
 -54                     -63
   0                       18
                          -18
                            0
```

Schreibe weitere Aufgaben zu den Teilbarkeitsregeln in dein 📖.

Grundwissen ④

SB S. 96/97

❶ Verbinde Aufgabe und Ergebnis.

a) 6 · 9 → 54; 6 · 90 → 540; 6 · 9000 → 54000

b) 7 · 400 → 2800; 7 · 4000 → 28000; 7 · 40 → 280

c) 8 · 30 → 240; 8 · 3000 → 24000; 8 · 3 → 24

❷ Multipliziere schriftlich.

583 · 7 = 4081 | 328 · 6 = 1968 | 581 · 6 = 3486 | 807 · 9 = 7263 | 660 · 5 = 3300

❸ Verbinde Aufgabe und Ergebnis.

a) 720 : 8 → 90; 7200 : 8 → 900; 72 : 8 → 9

b) 6300 : 9 → 700; 63 : 9 → 7; 63000 : 9 → 7000

c) 27000 : 3 → 9000; 270 : 3 → 90; 2700 : 3 → 900

❹ Dividiere schriftlich.

```
896 : 9 = 99 R 5       1524 : 6 = 254
-81                    -12
 86                      32
-81                     -30
  5                       24
                         -24
                           0
```

❺ Die Klasse 4a kocht eine Gemüsesuppe. Auf dem Markt haben sie die Zutaten eingekauft: 2 kg Kartoffeln, 1 kg Zucchini, 1 kg Karotten und 1 Bund Petersilie. Wie viel haben sie bezahlt?

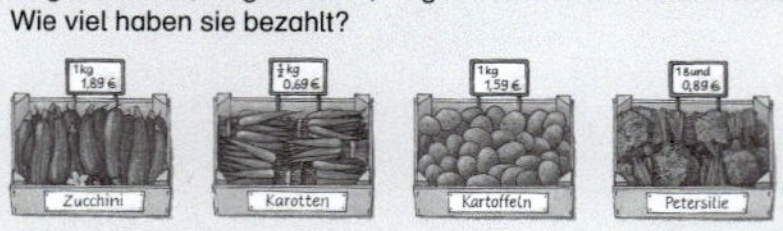

1,59 € · 2 = 3,18 €

0,69 € · 2 = 1,38 €

Zusammen:

Kartoffeln	3,18 €
Zucchini	1,89 €
Karotten	1,38 €
Petersilie	+ 0,89 €
Summe	7,34 €

A: *Sie haben 7,34 € bezahlt.*

Bist du fit? ④

SB S. 96/97

❶ Überschlage und rechne.

Ü: 500 · 80 = 40 000
```
456 · 83
 36480
+ 1368
 37848
```

Ü: 700 · 20 = 14 000
```
681 · 24
 13620
+ 2724
 16344
```

Ü: 4 000 · 70 = 280 000
```
3965 · 71
 277550
+  3965
 281515
```

❷ Fülle die Lücken.

652 · 5 = 3260 | 738 · 3 = 2214 | 483 · 7 = 3381 | 914 · 6 = 5484 | 536 · 4 = 2144

❸ Dividieren mit Rest

```
46327 : 5 = 9265 R 2       37436 : 8 = 4679 R 4
-45                        -32
  13                         54
 -10                        -48
   32                         63
  -30                        -56
    27                        76
   -25                       -72
     2                         4
```

❹ Berechne jeweils den günstigsten Preis.

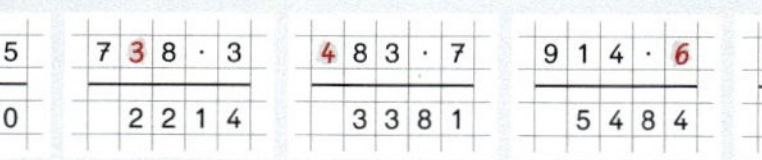

4 Rosinenbrötchen	4 · 0,60 € = 2,40 €
4 Mohnschnecken	3 € + 1,20 € = 4,20 €
4 Quarktaschen	3 € + 3 € = 6 €
6 Mohnschnecken	3 € + 3 € = 6 €
8 Rosinenbrötchen	3 € + 0,60 € + 0,60 € = 4,20 €
5 Quarktaschen	3 € + 3 € + 1,80 € = 7,80 €

Ganz genau und ungefähr

SB S. 98/99

① Runde auf volle Hunderttausender, Zehntausender und Tausender.

	HT	ZT	T
561 814	≈ 600 000	≈ 560 000	≈ 562 000
423 836	≈ 400 000	≈ 420 000	≈ 424 000
742 477	≈ 700 000	≈ 740 000	≈ 742 000
638 185	≈ 600 000	≈ 640 000	≈ 638 000
193 498	≈ 200 000	≈ 190 000	≈ 193 000

≈ bedeutet „ist ungefähr“.

② a)

Stadionbesucher		Runde auf volle ZT	Runde auf volle T
BVB Dortmund	81 168	80 000	81 000
Bor. Mönchengladbach	49 464	50 000	49 000
VfB Stuttgart	53 512	50 000	54 000
Hertha BSC Berlin	64 843	60 000	65 000
FC Augsburg	30 660	30 000	31 000
Bayern München	69 901	70 000	70 000

b) Vervollständige das Balkendiagramm. Verwende die gerundeten Tausenderzahlen.

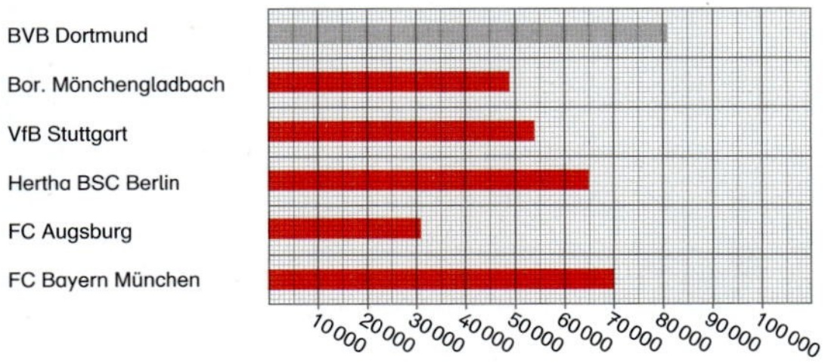

★ ③ Welche Zahlen könnten hier gerundet worden sein?
Schreibe die kleinsten/größten Zahlen auf.

gerundete Zahl	kleinste Zahl	größte Zahl
32 100	32 050	32 149
29 700	29 650	29 749
31 500	31 450	31 549

gerundete Zahl	kleinste Zahl	größte Zahl
840 000	835 000	844 999
610 000	605 000	614 999
280 000	275 000	284 999

Zahlenzauberei mit dem Taschenrechner

SB S. 102/103

① Hier hilft der Taschenrechner.

a) Wie viele Stunden hat ein Jahr? Wie viele Sekunden sind es?

R: 365 · 24 h = 8 760 h; 8 760 · 60 · 60 = 31 536 000

A: Ein Jahr hat 8 760 Stunden. Das sind 31 536 000 Sekunden.

b) Nach wie vielen Stunden ist man 10 Jahre alt?

R: 8 760 · 10 = 87 600 h; mind. 2 Schaltjahre, also mindestens 48 Stunden (2 Tage) mehr.

A: Nach wenigstens 87 648 Stunden ist man 10 Jahre alt.

Denke an die Schaltjahre.

c) Wie viele Minuten spielt eine Bundesliga-Mannschaft in einer Saison (34 Spieltage)?

R: 90 min · 34 = 3 060 min

A: Sie spielt 3 060 Minuten.

② Aus wie vielen Würfeln besteht der 21. Turm?
Hat Bim recht?

Der nächste Turm ist immer doppelt so hoch.

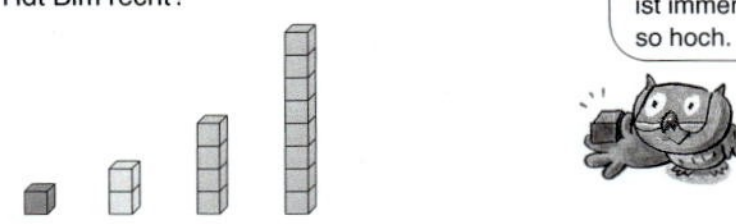

Der letzte Turm hat mehr als 1 000 000 Würfel.

1	2	4	8	16	32	64	128	256	512
1.	2.	3.	4.	5.	6.	7.	8.	9.	10.

1 024	2 048	4 096	8 192	16 384	32 768
11.	12.	13.	14.	15.	16.

65 536	131 072	262 144	524 288	1 048 576
17.	18.	19.	20.	21.

③ Eine Grundschule kauft Spiel- und Sportgeräte.
Löse mit dem Taschenrechner.

Sport Petermann

Anzahl	Sportartikel	Einzelpreis	Gesamtpreis
12	Wurfring	4,05 €	48,60 €
4	Pedalo	49,95 €	199,80 €
8	Catchball	9,90 €	79,20 €
10	Softball	7,80 €	78,00 €
		Summe:	405,60 €

Würfelgebäude – Pläne und Ansichten

SB S. 106–109

① Aus wie vielen Einheitswürfeln bestehen die Würfelgebäude?
Trage die Anzahlen ein.

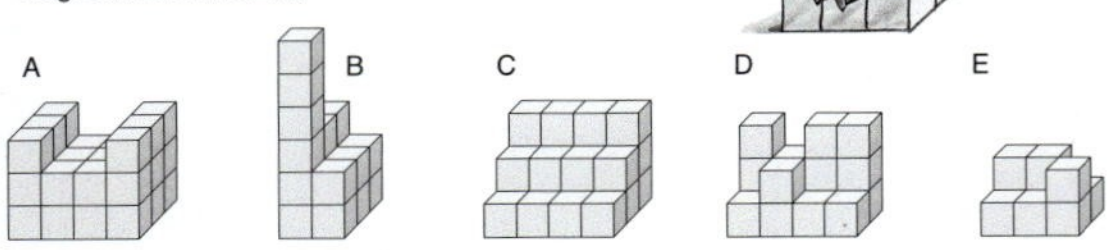

A: 30 Würfel — B: 18 Würfel — C: 24 Würfel — D: 16 Würfel — E: 9 Würfel

② Welcher Bauplan passt zu welchem Würfelgebäude aus Aufgabe ①?

a) Trage die Buchstaben ein.

2	2	1
1	1	2

E

3	2	3	3
1	2	1	1

D

3	2
3	2
6	2

B

b) Zwei Baupläne fehlen. Zeichne sie.

3	2	2	3
3	2	2	3
3	2	2	3

A

3	3	3	3
2	2	2	2
1	1	1	1

C

③ Wie viele Würfel passen in jede Schachtel? Trage die Anzahlen ein.

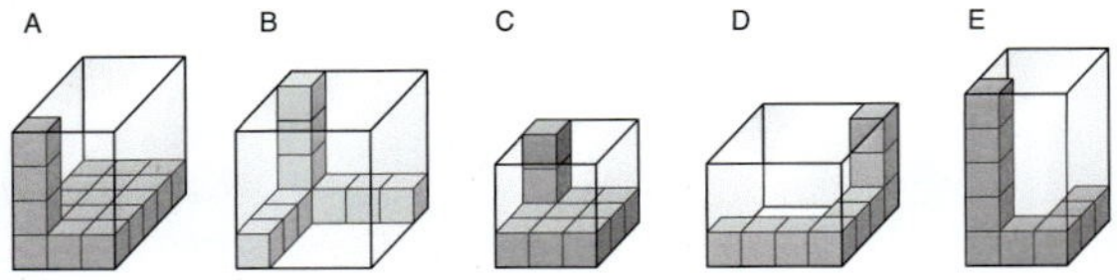

A: 60 Würfel — B: 64 Würfel — C: 27 Würfel — D: 48 Würfel — E: 45 Würfel

Ergänze: Schachtel B hat den größten Rauminhalt.

Schachtel C hat den kleinsten Rauminhalt.

Bandornamente

SB S. 114/115

① Setze das Muster fort.

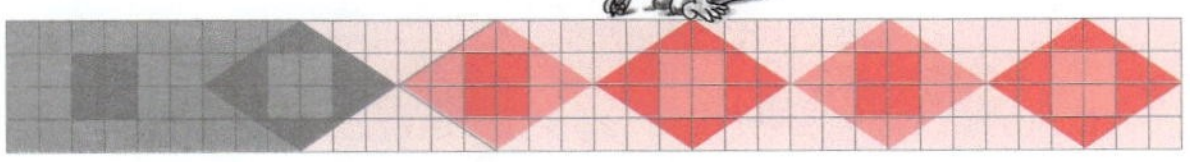

② Setze auch hier das Muster fort. Zeichne die Symmetrieachsen ein.

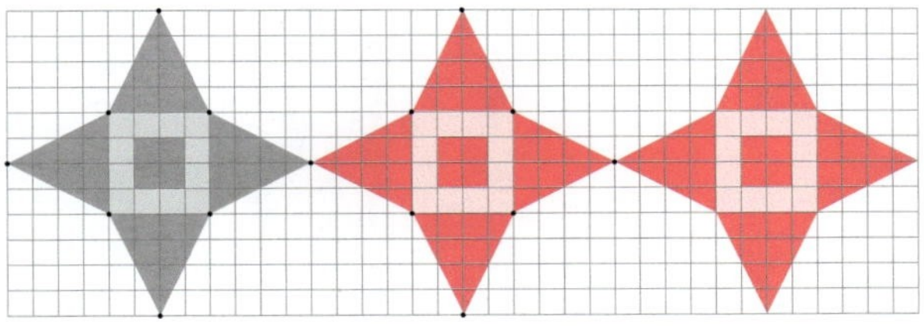

★ ③ Zeichne das Muster fertig.
Färbe so, dass es symmetrisch ist.

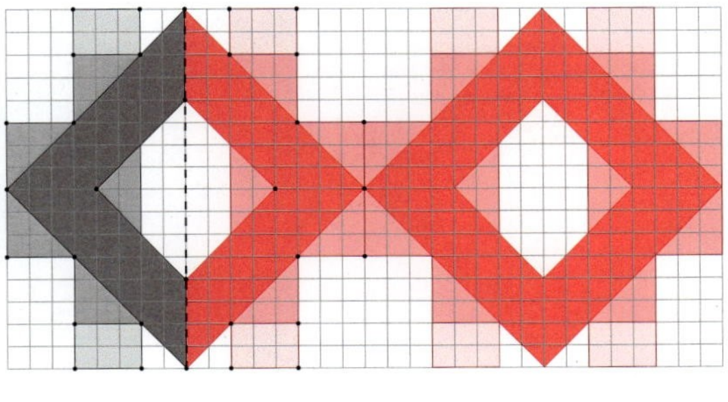

Von der Zeit in der Welt ①

SB S. 116/117

① Wie spät ist es an den verschiedenen Orten?
Ergänze die Uhren und trage die Uhrzeiten ein:

München MEZ	London, England	Miami, USA	Los Angeles, USA	Tokio, Japan
14.00 Uhr	13.00 Uhr	8.00 Uhr	5.00 Uhr	22.00 Uhr
Zeitunterschied zur MEZ	− 1 h	− 6 h	− 9 h	+ 8 h

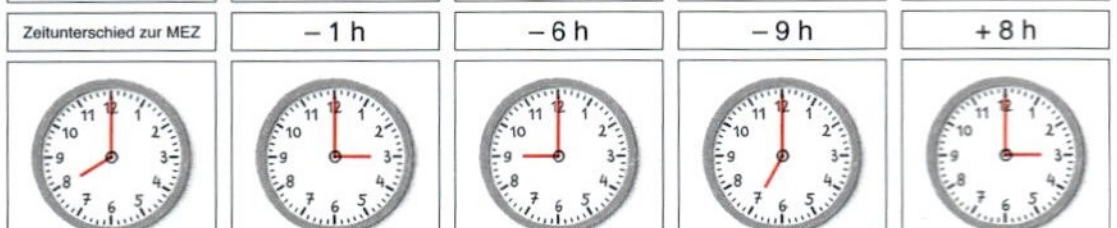

Peking, China	Athen, Griechenland	Caracas, Venezuela	Mexico-Stadt	Anchorage, USA
20.00 Uhr	15.00 Uhr	9.00 Uhr	7.00 Uhr	3.00 Uhr
+ 6 h	+ 1 h	− 5 h	− 7 h	− 11 h

② Michael hat eine Cousine in Denver (USA). Er möchte mit ihr telefonieren.
Seine Uhr zeigt 16.45 Uhr.
Wie spät ist es gerade in Denver, wenn der Zeitunterschied − 8 h beträgt?

A: In Denver ist es gerade 8.45 Uhr.

③ Der Vater von Erkan befindet sich auf einer Dienstreise in Japan.
In Deutschland ist es gerade 6.50 Uhr und Erkan sitzt beim Frühstück.
Er überlegt, wie spät es jetzt wohl in Japan ist.
Der Zeitunterschied beträgt + 8 h.

A: In Japan ist es jetzt 14.50 Uhr.

④ Eine Weltraumrakete startet in Cape Canaveral (USA) um 16.30 Uhr Ortszeit.
Bei uns ist es 6 Stunden später. Welche Uhrzeit haben wir in Deutschland?

A: In Deutschland ist es 22.30 Uhr.

⑤ Die Fußballweltmeisterschaft 2014 fand in Brasilien statt.
Die Zeitverschiebung zu unserer Sommerzeit beträgt in Rio de Janeiro − 5 h.
Zu welcher Zeit konnten wir die Fußballspiele im Fernsehen live anschauen,
die um 13.00 Uhr, 16.00 Uhr und um 17.00 Uhr in Rio begannen?

A: Wir konnten die Fußballspiele um 18.00 Uhr, um 21.00 Uhr und um 22.00 Uhr live anschauen.

Von der Zeit in der Welt ②

SB S. 116/117

① Lies jeweils den Text, löse die Aufgaben und ergänze die Skizzen.

a) 11 h, 25 min
08.25 → 19.25 → 19.50 Ankunft (MEZ)
− 6 h Zeitunterschied
13.50 Ankunft (Ortszeit)

Washington

Ein Flugzeug startet um 8.25 Uhr in München. Die Flugzeit nach Washington (USA) beträgt 11 Stunden 25 Minuten. Wann kommt es in Washington bei einem Zeitunterschied von − 6 h an?

um 13.50 Uhr

b) 8 h, 25 min
09.45 → 17.45 → 18.10 Ankunft (MEZ)
− 6 h Zeitunterschied
12.10 Ankunft (Ortszeit)

New York

Ein Flugzeug startet um 9.45 Uhr in München. Die Flugzeit nach New York beträgt 8 Stunden 25 Minuten. Wann landet es in New York bei einem Zeitunterschied von − 6 h?

um 12.10 Uhr

c) 2 h
16.10 → 18.10 Ankunft (MEZ)
− 1 h Zeitunterschied
17.10 Ankunft (Ortszeit)

London

Ein Flugzeug startet um 16.10 Uhr in Frankfurt. Die Flugzeit nach London beträgt 2 Stunden. Wann landet es dort bei einem Zeitunterschied von − 1 h?

um 17.10 Uhr

d) 3 h, 30 min
9.35 → 12.35 → 13.05 Ankunft (MEZ)
+ 2 h Zeitunterschied
15.05 Ankunft (Ortszeit)

Moskau

Ein Flugzeug startet im Dezember um 9.35 Uhr in Berlin. Die Flugzeit nach Moskau beträgt 3 h 30 Minuten. Wann landet es dort bei einem Zeitunterschied von + 2 h?

um 15.05 Uhr

Sommerzeit – Ferienzeit

SB S. 118/119

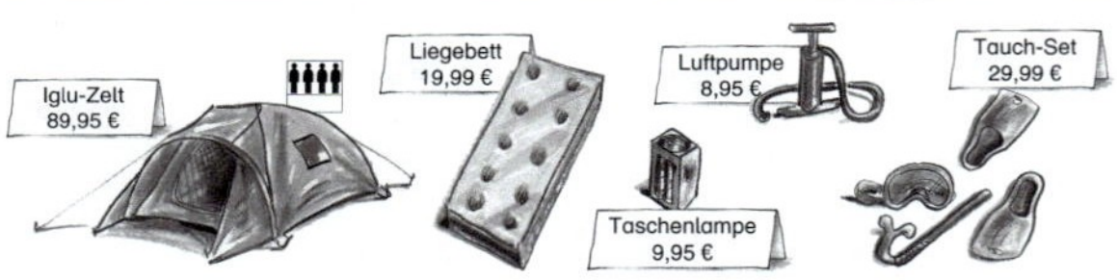

① Jonathan und Katharina kaufen für das Zeltlager ein.
Sie brauchen ein Zelt, eine Taschenlampe, zwei Liegebetten und eine Luftpumpe. Eigentlich hätte jedes Kind gerne eine eigene Taschenlampe und sie würden auch gerne noch ein Tauchset mitnehmen.
Was würdest du ihnen empfehlen, wenn sie 180 € zur Verfügung haben?

```
  89,95 €        180,00 €
   9,95 €      − 148,83 €
  19,99 €        31,17 €
  19,99 €
+  8,95 €        32,17 €
 148,83 €      − 29,99 €
                  2,18 €
```

A: Da sie nur 180 € haben, sollten sie besser zusätzlich nur ein Tauchset kaufen.

② Das Zeltlager findet mit einer Gruppe auf einem Zeltplatz statt. Für den Zeltplatz muss die Gruppe 500 € für die ganze Woche bezahlen. Das Essen wird mit 5 € pro Kind pro Tag berechnet.

a) Wie viel kostet der Zeltplatz für jedes Kind, wenn 100, 50, 25 Kinder mitfahren? Erstelle eine Tabelle.

Anzahl Kinder	Gesamtpreis Zeltplatz	Preis pro Kind
100	500 €	5 €
50	500 €	10 €
25	500 €	20 €

Rechne hier oder auf deinem Block.

b) 5 € · 5 = 25 €

b) Wie hoch sind die Kosten für das Essen für jedes Kind, wenn das Zeltlager von Montag bis Freitag dauert?

A: Jedes Kind muss 25 € für das Essen zahlen.

c) Wie viel kostet der Zeltlageraufenthalt für ein Kind, wenn 100, 50, 25 Kinder teilnehmen?

A: Wenn 100 Kinder teilnehmen, kostet der Zeltlageraufenthalt für jedes Kind 30 €, bei 50 Kindern 35 € und bei 25 Kindern 45 €.

Grundwissen ⑤

SB S. 122/123

❶ Zähle in Schritten.

a) 57 000, 58 000, 59 000, 60 000 (+ 1000)
31 680, 31 690, 31 700, 31 710 (+ 10)

b) 680 000, 690 000, 700 000, 710 000 (+ 10 000)
509 999, 510 000, 510 001, 510 002 (+ 1)

❷ Addiere und subtrahiere schriftlich.

```
  27665      37946      54398      906329
+ 49723    + 28014    − 12645    −  27614
  77388      65960      41753      878715
```

❸ Multipliziere und dividiere schriftlich.

```
574 · 16      490 · 67      425 : 5 = 85
  5740         29400        −40
+ 3444       +  3430          25
  9184         32830        − 25
                               0
```

❹ Dividiere im Kopf.

24 000 : 8 000 = 3	36 000 : 600 = 60	4 800 : 80 = 60
5 600 : 700 = 8	28 000 : 70 = 400	54 000 : 6 = 9 000
81 000 : 9 = 9 000	3 500 : 500 = 7	7 200 : 90 = 80

❺ Setze das Muster fort.
Färbe so, dass es symmetrisch ist.

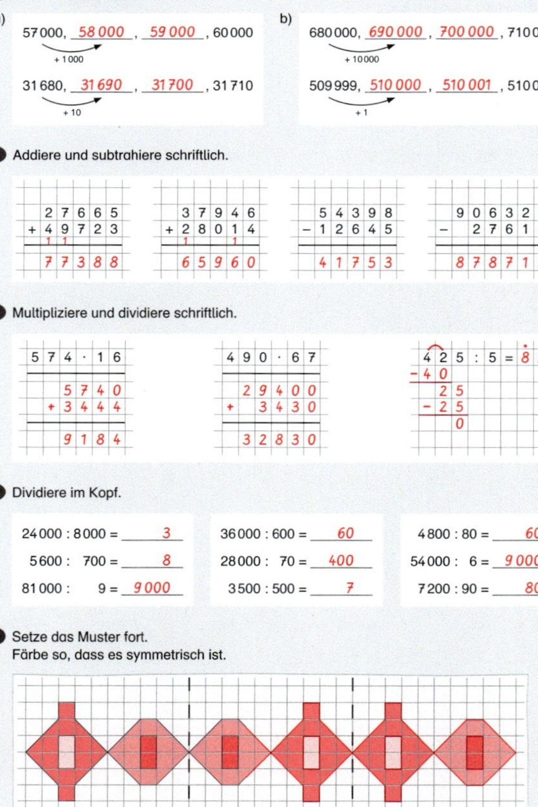

Bist du fit? ⑤

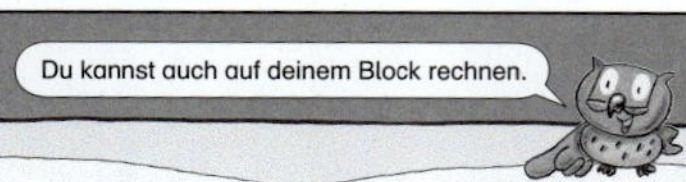

SB S. 122/123

1

a) Opa, Vater, Mutter und Sohn sind zusammen 150 Jahre alt. Die Mutter ist 5-mal so alt wie ihr 7-jähriger Sohn. Der Opa ist doppelt so alt wie der Vater. Wie alt ist jeder?

Sohn: 7
Mutter: 5 · 7 = 35
Vater: 36
Opa: 72

150 − 35 − 7 = 108
108 : 3 = 36

b) Anna, Tobias, Marion, Bernd und Frank vergleichen ihr Alter. Bernd ist 2 Jahre älter als Anna, aber 3 Jahre jünger als Frank. Marion ist ein Jahr älter als Bernd, aber 4 Jahre jünger als Tobias. Anna und Bernd sind zusammen 18 Jahre alt. Wie alt ist jeder?

Bernd: 10
Anna: 8
Frank: 13
Marion: 11
Tobias: 15

2 Färbe die Zauberhüte mit der richtigen Farbe.

– Der rote Hut hat keine Punkte und keine Streifen. Er steht zwischen einem Zahlenhut mit nur geraden Zahlen und einem anderen Hut.
– Auf dem blauen Hut sind keine Zahlen, er steht nicht neben einem Zahlenhut.
– Der grüne Hut hat keine Streifen und keine Sterne. Sein einziger Nachbar ist ein Zahlenhut.
– Der Hut mit nur geraden Zahlen ist gelb.
– Der braune Hut steht nicht neben dem blauen.

3 Zahlenrätsel